U0011028

繪圖解說
昆蟲的世界

進化與
生態

藤崎憲治 著

高詹燦
余明村 合譯

晨星出版

封面繪圖、內頁繪圖（日本）

北原志乃
前園美樹

封面插圖著色（台灣）

李佾儒

序

　　昆蟲就存在於我們的周遭。昆蟲種類極為多樣，有像蝴蝶般漂亮優雅的昆蟲；有像獨角仙及鍬形蟲般有著壯碩英姿，成為小孩寵物的昆蟲；有像蟑螂般成為衛生害蟲（sanitary insect pest），為人討厭的昆蟲；有像蚊子般叮咬人類、媒介傳染病的昆蟲；以及像浮塵子般危害農作物的昆蟲等。昆蟲最大的特徵，可說是其驚人的多樣種類，以及生活的多樣性。昆蟲經由 4 億多年的漫長進化歷史所演化成的多樣世界，是個什麼樣的世界呢？在這個世界裡進行各種進化的實驗，某些昆蟲滅絕了，某些昆蟲則生生不息，繁衍迄今。結果，倖存下來的昆蟲所學習到的「生活智慧」又是怎樣的智慧呢？對我們人類而言，儘管牠們就近在咫尺，但牠們是什麼樣的生物呢？此事鮮為人知，令人意外。期盼讀者透過本書，可一窺牠們的全貌及值得人類學習、讚賞之處。在地球上，昆蟲與人類本是系出同源，其後才走上不同的進化道路，筆者認為藉由學習昆蟲的「生存邏輯」，或許能從中得到啟發，找到我們人類的存活之道。

　　第 1 章的主題是「昆蟲的分類」。由本章可獲知，昆蟲是源自什麼樣的動物、如何分化、分歧成多樣的分類群。第 2 章的主題是「昆蟲的型態與機能」。介紹昆蟲這種動物的基本生物組織，與在這種組織下所演化完成的多樣型態及其機能，並查明潛藏在這微小身體中，令人訝異的奇妙結構。第 3 章的主題是「昆蟲的飛翔」。昆蟲乃是地球上首先發明翅膀而可開始飛翔的動物。在此針對飛翔如何帶給牠們繁衍發展加以解析，儘管如此，為何不會飛翔的昆蟲仍不計其數呢？本章也一併解開其謎底。第 4 章主題處理有關「昆蟲的環境適應」問題。出生在熱帶的昆蟲為了擴大其棲息場所，對寒冷及乾燥的適應，或是對環境的季節變化之適應都不可欠缺。本章說明昆蟲在地球上因應地區的不同，出入各種氣候不同的廣大環境所採用的方法。第 5 章

的主題是「昆蟲的食性」。昆蟲不僅可出入各種不同的氣候環境，實際上也可利用多樣的食物資源，本章介紹其食物的多樣性及覓食的戰略與戰術。第 6 章的主題是「昆蟲如何防衛天敵」。昆蟲在所謂食物鏈的生物群落之基本關係中，是遭鳥類等捕食者捕食的生物。本章介紹為避免被捕食或擬寄生（Parasitoidism），昆蟲所具備的巧妙防衛方式。第 7 章以「昆蟲的繁殖策略」為主題。為將擁有自己基因的複製個體遺傳給下一代而進行交配繁殖。昆蟲可分成有性生殖與無性生殖兩種類型，由雌雄進行交配留下後代，此為有性生殖，而只有雌性一方的則為孤雌生殖。本章介紹這種有性生殖與孤雌生殖之謎、有性生殖的雄性爭鬥、雌性的偏好，以及雌雄性之間的對立等有關昆蟲的生殖行為。第 8 章的主題是「昆蟲的群集性與社會性」。本章介紹昆蟲的重要特性—「群集」的意義，以及可與人類並駕齊驅的複雜社會性之進化。第 9 章就「昆蟲的共生」這一主題加以介紹。因為昆蟲在生態系中為主要的存在，與其他各種生物締結共生關係。本章介紹其不可思議的關係，並就有關昆蟲在生態系之角色加以敘述。

在最後的第 10 章，介紹有關昆蟲經過漫長的進化所演化出的型態、機能、習性等，將它應用於新的工業技術、醫療技術，以及農林技術之啟發或規範的仿生學（biomimetics），為近年來備受矚目的學問領域。

本書除了描述昆蟲的世界之外，有時也會趁機與各種脊椎動物進行比較或對比。因為我們人類所屬的脊椎動物在古時候與昆蟲分離，成為另一個在地球上的成功者。因此，筆者認為藉此可使昆蟲這一生物特性在腦海中更為鮮明地浮現出來。

最後，對於正確地繪製漂亮插圖的北原志乃與前園美樹兩位先生，以及在講談社從事科學工作，細心編輯的小笠原弘高先生表示深忱的感謝之意。

2015 年 1 月

藤崎憲治

圖解昆蟲的世界　進化與生態　目錄

昆蟲的分類

第 **1** 章

進化的道路與多樣化

　　昆蟲是從什麼樣的動物進化而成，與其他動物之間又有何關係，欲說明這些問題，必須先將昆蟲在動物的系統分類學中定位後再回答。

1.1　昆蟲在動物界中的定位

　　除了無神經系統的多孔動物門（海綿的同類）以及具有原始神經系統的腔腸動物門（水母及海葵的同類）以外的動物，大致可分為原口動物與後口動物（**圖 1-1**）。由受精卵發育為個體的過程中，

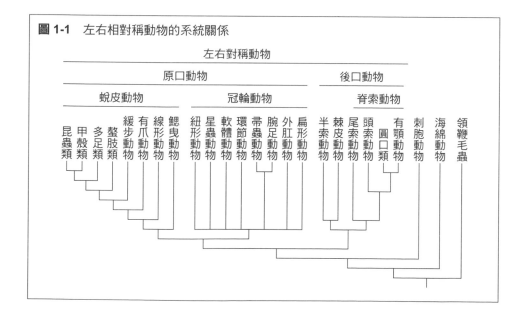

圖 **1-1**　左右相對稱動物的系統關係

在胚胎時期的重要階段，會有原口陷入胚內的情形，而原口發展為口（嘴部）之動物稱為原口動物；原口變成肛門，之後再形成新的口之動物稱為後口動物。棘皮動物門（海膽及海參的同類）與脊索動物門（脊椎動物及海鞘的同類）屬於後口動物；軟體動物門（貝類、烏賊、章魚等）、環節動物門（蚯蚓、沙蠶等）、線形動物門（線蟲及蛔蟲等）、扁形動物門（渦蟲及條蟲等），以及後述的節肢動物門均屬於原口動物。原口動物所擁有的門遠較後口動物還要多。其中號稱擁有最多數量的門就是節肢動物門。昆蟲屬於節肢動物。

1.2　節肢動物與其特徵

節肢動物為具有外骨骼硬殼的動物分類群，共有 5 個亞門：除了昆蟲類外，有蝦、蟹、水蚤及藤壺等甲殼類；蜈蚣、馬陸、蚰蜒等多足類；蜘蛛、蜱及蠍子等螯肢類，以及在寒武紀時期盛極一時，其後滅絕的三葉蟲類。身體分節，亦即具有分節化的身體（體節），每個體節上都有一對分節的附肢，因而稱為節肢動物。可用模組（同樣形狀的零組件）的連結構造來形容。其實所有脊椎動物也具有體節的橫剖面線圖（body plan）。成體哺乳類在脊椎區域可清楚地看到這種體節構造。在此處，椎骨、肋骨、血管、肌節及神經等，均是由前向後，依循模組的反覆模式。目前已知昆蟲與脊椎動物的體節化絕非單獨進化，而是由酷似一系列同源異形基因（Hox gene）所支配。

1980 年代，在果蠅身上發現了可調控翅膀，形成開關機能之基因，將它命名為同源異形基因。雙翅目（蠅類）的同類—果蠅只有 1 對（2 張）翅膀，但已確認 1 個同源異形基因（Hox gene）若發生突變，就會產生出長有 2 對（4 張）翅膀的個體（**圖 1-2**）。目前

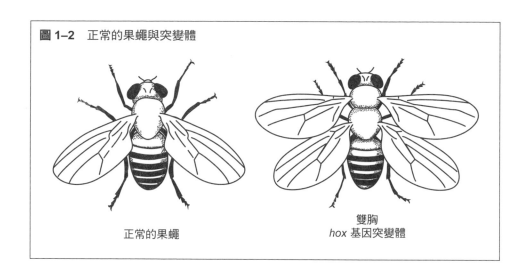

圖 **1–2** 正常的果蠅與突變體

正常的果蠅

雙胸
hox 基因突變體

已獲知這種基因的開關若發生故障，飛翔器官就會發生異常。其後並已獲悉同源異形基因並非只是決定昆蟲體節的命運及具有調控基因的開關機能，同樣的基因也存在於魚類及哺乳類等於門的分類位階即不同的動物上，並獲知這種基因也可決定身體的形狀。同源異形基因在昆蟲與脊椎動物方面極為相似，在染色體上是以正確的順序排列。

　　以果蠅進行昆蟲實驗的胚胎學研究，就有關動物身體構造的進化之路進行研究，結果帶來了其後有關演化發育生物學的革命。那就是所謂「動物的胚胎發生在構造上是相同的」，此一大發現導致人們對生物看法的重大轉變。也就是說，已獲知節肢動物與脊椎動物這種左右相對稱的動物擁有共同的祖先，兩者間的親緣關係比我們所想像的還要接近。

　　節肢動物在動物之中也出類拔萃，擁有多樣性系統。以胚胎學的觀點來看，它之所以能實現，就是前面所提到的分節化，這點相當重要。也就是說，透過分節化，才能使個體節為了具有新用途而專門化，藉此謀求種類的多樣化。

1.3 昆蟲的系統分類

　　現存的昆蟲類大致可分為內口綱與外顎類（Ectognatha）（**圖 1-3**）。內口綱為口器包藏於頭蓋內，亦無複眼的昆蟲。外顎類的口器在頭蓋之外，為狹義的昆蟲類。外顎類再由頭蓋與上顎的關節數量，分為單髁亞綱（Monocondylia）（關節僅 1 個）與另一個雙髁亞綱（Dicondylia）（關節 2 個）。雙髁亞綱又分為無翅亞綱與有翅亞綱。後者再分為古翅類（Paleopteran）與新生翅群

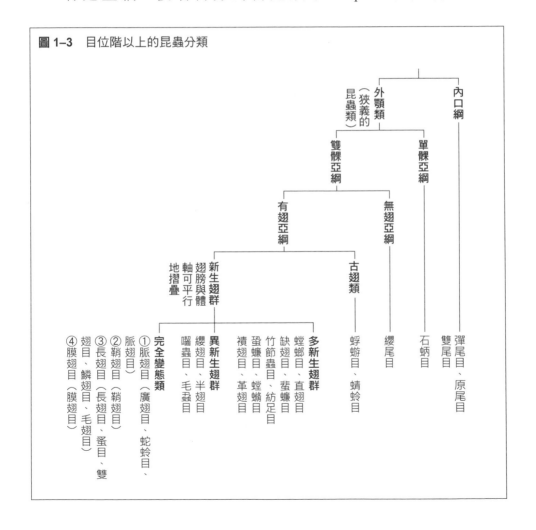

圖 1-3　目位階以上的昆蟲分類

（Neoptera）。古翅類只能以上下方向拍動翅膀，無法與體軸平行地摺疊翅膀。相對地，新生翅群的翅膀基部呈樞紐構造，翅膀因而可向後摺疊，因而可再細分為多新生翅群、異新生翅群及完全變態類。多新生翅群屬於直翅類的昆蟲相當多。異新生翅群口器顯示出是由咀嚼式特化為刺吸式的移轉狀態。完全變態類從幼蟲到成蟲要經過一個蛹期，是最進化的群體。**圖 1-4** 是依型態資料所呈現出的昆蟲演化樹之一例。

不過，彈尾類等屬於內口綱的昆蟲，其群體在系統上與狹義的昆蟲類相差懸殊。現在所發現最古老的昆蟲類化石，是在古生代泥盆紀（Devonian period）（約 4 億 1000 萬年前～3 億 6000 萬年前）之地層出土，彈尾及石蛃等無翅的同類昆蟲。這些昆蟲據說在泥盆紀時期就已分化，因此，昆蟲類的起源被認為可上溯至志留紀（Silurian Period）（約 4 億 4000 萬年前～4 億 1000 萬年前）。志留紀是維管束（植物的內部組織，具有運送水與養分，以及支持植物體的作用）植物出現在陸上的時代，因此，據推測，昆蟲類是藉由利用這種植物的有機體或遺骸才得以適應陸上生活並存活下來。

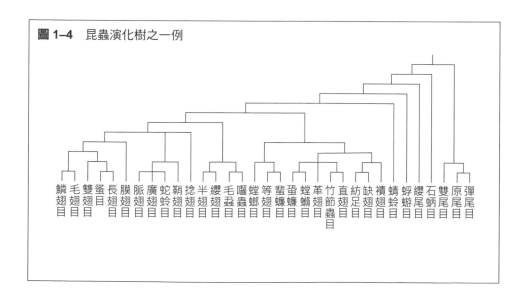

圖 1-4　昆蟲演化樹之一例

另據最近在美國科學雜誌 Science 所發表的論文指出，利用遺傳分析（genetic analysis）鑑定種分化的順序，並加入由化石所獲得進化速度之資訊，推斷其起源年代的結果，獲知昆蟲的起源可上溯至約 4 億 7900 萬年前。推測陸上植物的誕生約於 5 億 1000 萬年前，由此顯示出昆蟲類是在陸上完成生態系之初就出現的生物群之一。

以前曾認為昆蟲是由蜈蚣及馬陸等多足類的祖先所分化而成。不過，近年的演化發育生物學透過遺傳分析，證明了系統上最接近昆蟲的節肢動物乃是蝦蟹等甲殼類（**圖 1-5**）。同源異形基因 Ubx 只要些許變化，就會使多腳的甲殼類進化成 6 隻腳的昆蟲。因此，

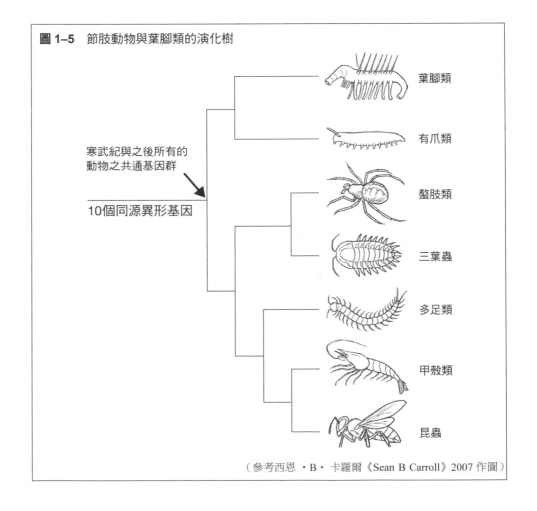

圖 1-5 節肢動物與葉腳類的演化樹

葉腳類

有爪類

螯肢類

三葉蟲

多足類

甲殼類

昆蟲

寒武紀與之後所有的動物之共通基因群

10個同源異形基因

（參考西恩・B・卡羅爾《Sean B Carroll》2007 作圖）

也有將昆蟲類包含於甲殼類中，而稱為「泛甲殼類」。甲殼類出入陸地後，長有步腳的體節減成了 3 個，成為 6 隻腳的生物，可說就是昆蟲。除甲殼類外，其次最接近昆蟲的就是蜈蚣與馬陸等多足類，而蜘蛛及蜱等螯肢類則反而比較接近已滅絕的三葉蟲。

被發現的昆蟲類化石全是泥盆紀時期，棲息在赤道附近的海岸地區。由此可推知昆蟲誕生於赤道附近高溫多濕的環境。其後，至石炭紀（約 3 億 5000 萬年前～ 2 億 8000 萬年前）後期，出現蜉蝣、蜻蛉、石蠅、蟑螂及蚱蜢等有翅昆蟲類。在古生代末期的二疊紀（約 2 億 8000 萬年前～ 2 億 4000 萬年前），現存的昆蟲目大部分在這時期已出現。此時期，發生了顯著的適應輻射（Adaptive Radiation）（在進化過程中，同類生物為適應各種環境而進行多樣地分化，形成另一系統）。也出現了翅膀展開時長達 75 ㎝的巨大蜻蜓—巨脈蜻蜓（**圖 1-6**）。不過，牠們已在古生代晚期滅絕了。因此，我們現在所看到的蜻蜓類並非巨脈蜻蜓的直接子孫。石炭紀乃是昆蟲發展出翅膀，可開始飛翔的時代。如第 3 章所述，這時期

圖 1–6　有翅昆蟲的祖先巨脈蜻蜓

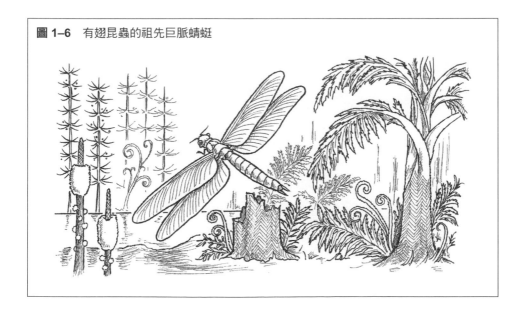

適應輻射之所以特別顯著，可以飛翔被認為是最大原因。

　　現存昆蟲種類中，依然處於旺盛狀態的蜜蜂、蒼蠅、蝴蝶及甲蟲等同類，是於進入中生代（約 2 億 4000 萬年前～ 6500 萬年前）後多樣性地分化。在恐龍盛極一時的白堊紀（約 1 億 4000 萬年前～ 6500 萬年前）首先出現被子植物，其後一面進行多樣化，一面大量繁衍。在同時代，昆蟲類發生物種分化的原因就是被子植物與昆蟲類共同演化（Coevolution）的產物。此外，到了新生代第三紀（約 6500 萬年前～ 170 萬年前），現存昆蟲的科當時幾乎都已分化。

　　已知所謂的「進化支（clade）淘汰」，就是在綱這類的生物演化樹中，於大支層級下例如綱等被淘汰，為人所熟知。在昆蟲進化成功上，是能具有名為昆蟲這樣的 1 個進化支（clade），可能與有如體節構造一般的基本特性參與其中有關。因此，下一章就有關昆蟲的基本型態與進化方面做一概述。

昆蟲的型態與機能

第 **2** 章

微小身體中潛藏著令人訝異的特徵

　　昆蟲的基本設計是如何呢？另外，以這種設計為基礎所建構而成的多樣型態與機能又是如何呢？

2.1　基本構造

　　動物在胚胎生長中期會出現「區塊劃分」。這種區塊劃分超過門這個大的分類單位，而被動物所保存。動物各門因同源異形基因這種選擇性標記基因（selection marker）而發現擁有獨特區塊劃分地圖。區塊劃分為模組方式之一，是一種設計上經常可見的方法，透過將身體細分成幾乎獨立的小領域，能讓構造因擁有不同機能而各自進化。這能以鐵路車輛功能的特殊化來加以想像。各個車輛如火車頭、載客火車、運貨火車一般，可依功能、載貨的種類而予以特殊化，而將這些車輛友好地聯結在一起，就能以同一列車行駛起來。

　　節肢動物藉由身體的分節化，得以進化成各種分類群，其結果因而具有多樣性。觀察昆蟲的卵胚胎生長，可發現細胞不斷分裂的胚胎形狀有如蚯蚓一般，此時的身體分為 21 節。前 6 節為頭部，其次 3 節為胸部，其餘 12 節做為腹部統合起來，各自成功地進行徹底的機能分化（**圖 2-1**）。因此，以下將就這三部分敘述其型態特徵及機能。

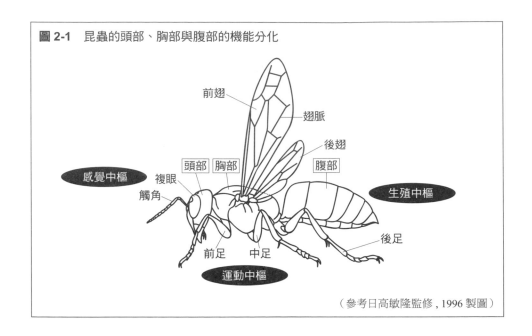

圖 2-1 昆蟲的頭部、胸部與腹部的機能分化

前翅

翅脈

後翅

頭部　胸部　腹部

感覺中樞

複眼

觸角

生殖中樞

後足

前足　中足

運動中樞

（參考日高敏隆監修, 1996 製圖）

2.1.1 頭部及其機能

　　昆蟲的頭部為感覺中樞，長有複眼、觸角及口器。複眼掌管視覺，可感應障礙物及對象物；觸角感應味道、機械式的刺激、溫度、溼度等訊息；口器則可感應味覺訊息並攝取食物。這些器官都是由各體節的附肢變化而成。

◆複眼與單眼

　　昆蟲的複眼由各個擁有透鏡的單一小眼集合形成，是蜂巢狀的器官，通常長有 1 對（**圖 2-2**）。它是由具有 1 個角膜晶體與 1 個圓錐晶體的無數個小眼所構成，可將網膜細胞所接受的影像經視神經傳遞到腦部。昆蟲的複眼被認為是由表皮正下方的真皮細胞所分化而成的。其實這種複眼的起源並非昆蟲，而是源自古生代寒武紀繁衍達到顛峰後滅絕的三葉蟲。

　　另一方面，脊椎動物的眼睛是由 1 個水晶體所組成，利用肌

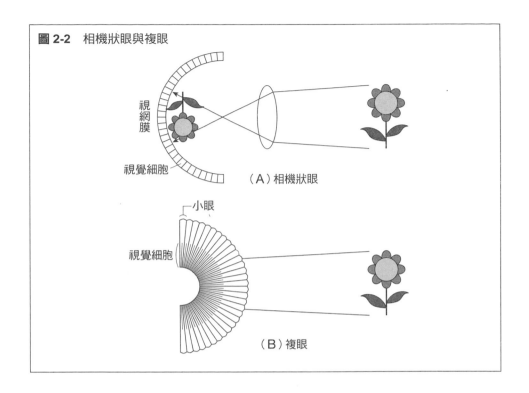

圖 2-2　相機狀眼與複眼

視網膜

視覺細胞

（A）相機狀眼

小眼

視覺細胞

（B）複眼

肉牽動來調整水晶體，在視網膜上結成影像，視神經再將影像傳遞到腦部的一種結構。章魚及烏賊等軟體動物頭足類的眼睛類似脊椎動物的眼睛，因其構造而被稱為相機狀眼（camera-eyes）。不過，雖然型態類似脊椎動物，卻是由不同的組織以不同的方法所產生。因此，在進化上可說是一種趨同現象（在不同的演化分支《譯註：由共同的祖先進化而成的生物群》進化出類似的性狀）。

　　脊椎動物的眼睛具有所謂虹膜的構造，藉由開閉來調節進入的光量。觀察貓的眼睛就可知道，虹膜在明亮的白天會變細，夜晚時則放大。另外，貓的網膜後面具有稱為照膜（tapetum lucidum）的光全反射結構物，因此，在夜晚也可捕捉獵物。而照膜也被使用在交通標誌等方面，如做為 "貓眼" 加以應用。

昆蟲的眼睛在外觀上與脊椎動物及軟體頭足類的眼睛截然不同。不過，據認為，不論是昆蟲的複眼，或脊椎動物與軟體動物的相機狀眼，全都是由遙遠祖先物種所具有的光受器（photoreceptor）進化而成，掌管視覺的基因都是共通的。

　　昆蟲的小眼無法辨識圖形，藉由複眼的構成才可識別，但其解析度遠不及人類的眼睛。以螳螂為例，據推測為 0.03 的程度。據說其中心雖很清晰，但周圍則模糊不清，類似魚眼鏡頭（Fish-eye Lens）的影像。以前曾認為，一個個的小眼各自具有聚焦成像的功能，因此，若有 100 個小眼的話，昆蟲就會看到 100 個影像，但事實並非如此。昆蟲的每一個小眼僅能捕捉到極小範圍的光，小眼將所捕捉到的訊號往腦部傳遞，腦部將這些訊號組合起來，塑造成如馬賽克般的影像。亦即有透過腦部處理，雖然不鮮明，但牠們所看到的影像就是一個。

　　每個複眼的小眼數量依種類而異，在地下生活的工蟻至少有 6～9 個；家蠅有 2000 個；蜻蜓類有 1 萬～ 3 萬個等，飛翔機能發達的昆蟲顯著地變多。從人類的視網膜有 1 億個視覺細胞來看，複眼的解析度低也是沒有辦法的事。由於人類的頭腦非常發達，可巧妙地分析映入眼中的影像，而可同時辨識移動的東西與背景靜止的東西。另一方面，以蜻蜓為例，由於其腦部非常單純，只能對移動的物體有所反應，不過，對於蜻蜓而言已足夠。複眼也有其優點，那就是視野遼闊，動體視力（Kinetic visual activity）優異。對於正在觀看的物體一移動，構成複眼的每個小眼所感應的影像就會時而產生，時而消失，而可敏銳地感應物體的移動。特別是蜻蜓的複眼巨大到幾乎佔去頭部的大部分（**圖 2-3**）。因此，可使其視野變得非常廣闊及動體視力非常優異，可在空中邊飛翔邊捕獲獵物，這對於捕食者而言非常有利。無論棒球選手鈴木一朗的動體視力多麼頂尖都遠不及蜻蜓。

複眼也可感應時間的變化。據說蒼蠅對於光的明滅 1 秒鐘可感應 300 赫茲，而人類的眼睛僅可感應 30 赫茲，因此，蒼蠅可用我們人類 10 倍的慢動作觀看影像。我們拍打蒼蠅時幾乎都會被牠逃掉就是這個原因。

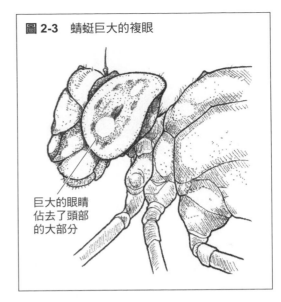

圖 2-3　蜻蜓巨大的複眼

巨大的眼睛佔去了頭部的大部分

昆蟲也有色彩知覺。不過，與人類不一樣，可見光的光譜全體偏向短波長的一方，因而認為昆蟲可認知稱為 UV-A 的紫外線領域。人類的三原色是藍、綠、紅色，而昆蟲的三原色被認為是藍、綠、紫外線色。不過，昆蟲是否看不見紅色呢？這倒並不一定，近年已獲知蝴蝶類看得見。

昆蟲可識別紫外線領域的顏色，在昆蟲與花朵的關係上，意義格外重要。因為植物是利用紫外線吸引昆蟲攜朋引伴前來。很多花朵上存在著小的「跑道標誌」，它是一種以紫外線領域的色素所描繪、人類眼睛無法看見的標誌，讓蜜蜂這種訪花蜂類容易著陸。此外，可完全反射紫外線、長得像眼睛的花卉中心部分（**圖 2-4**），是表示有花蜜存在的標誌，因而被稱為蜜源標記。

大部分的昆蟲在複眼的旁邊長有稱為單眼（背單眼《dorsal ocellus》）、鏡頭口徑很大的 3 個單純的眼睛。單眼可發揮如照度計一般的功能，協助掌握些微的光線變化。不過，也有認為單眼可感應陽光，具有發揮掌管平衡感覺的作用。因此，頭頂長有單眼的蜜蜂在照度（Illuminance）低的朝夕活動為何會顯得遲鈍由此可

圖 2-4 花朵的蜜源標記

可識別紫外線的昆蟲看得見，
表示花蜜存在的蜜源標記

知。此外，也有認為單眼對於蜻蜓及蚱蜢等昆蟲，在飛翔時有控制姿勢的作用。不過，有關其機能不明之處仍相當多。

如上述，昆蟲是利用複眼與單眼接收外界來的光線，因而獲得明暗、型態與色彩等訊息。不過，其視覺世界與我們人類大異其趣也是事實。

昆蟲對於光的反應，由夜晚會聚集在燈光等人造光源處，具有顯著的趨光性而為人所熟知。在夜間會被人造光源所引誘的昆蟲，不只是夜行性的種類，也可看到晝行性的種類；此外，不僅是飛行性的種類，不會飛的步行性種類也在其中。因此，昆蟲的趨光性乃是一種極為普遍的行動反應。有關引發這種趨光性的機制，其假說迄今大致上提出以下 3 種論述。

❶開放空間（Open space）效應

❷指南針效應

❸馬赫帶效應（Mach bands effect）

❶開放空間效應認為，昆蟲會被光源引誘是因趨向亮光處乃是與生俱來的本能反應這種假說（**圖 2-5A**）。這是因昆蟲以為空間

內的明亮部分是飛往開放空間的窗戶，因而稱之為開放空間效應。❷指南針效應認為，昆蟲將遠在天際的月亮及太陽當作指南導航，以保持一定的定位角度（α）並固定體軸，藉以進行直線的移動。但若以街燈等人造光源為指南的話，定位角度移動的同時就會產生變化，為保持對指南定位角度而不斷修正體軸的結果，以光源為中心，就會呈現出螺旋狀運動（**圖 2-5B**）。❸馬赫帶效應認為，昆蟲會飛往光源附近是為了逃避光源，定位為要往更暗的方向行動所產生的結果（**圖 2-5C**）。這是因昆蟲也和人類一樣，由於具有稱為「側抑制」的神經機制，誤以為與亮區交界的暗區更黑暗而產生的趨光結果。

　　除了上述這些假說外，尚有「邊緣（Edge）假說」，這是日本研究者近年所提倡的觀點。那就是至少有某種昆蟲並非被光所引誘，而是被光與周圍形成的視覺性邊緣所引誘。已知昆蟲對被太陽等光源照射的物體之視覺性邊緣會產生強烈的反應，就是所謂的邊緣注視反應現象，同樣的，認為對於人造光源也會被引發出相同反應乃是合理的。不過，即使這種假說是正確的，昆蟲對視覺邊緣的強烈反應，在生態的意義闡明將成為今後重大之議題。

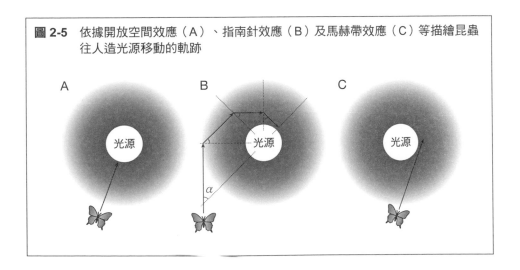

圖 2-5 依據開放空間效應（A）、指南針效應（B）及馬赫帶效應（C）等描繪昆蟲往人造光源移動的軌跡

◆觸角

　　昆蟲的觸角是一種可感受到氣味、香氣、溫度、濕度及風的流動等各種刺激的感覺器官。感覺氣味的是位於觸角的感覺毛，長在其表面的無數小孔可捕捉氣味分子。

　　觸角的形狀依種類而各有不同，有鞭狀（螳螂、蜻蜓）、絲狀（椿象）、雙櫛齒狀（天蠶）、念珠狀（白蟻）等各種形狀。此外，也有末端數節呈膨脹擴大的球桿狀（蝴蝶）（**圖2-6**）。雌雄的觸角在形狀及大小上也大多會呈現明顯的差異。一般雄蟲的觸角大多較為發達，這是因為雌蟲所釋放出的性費洛蒙即使極為微量，雄蟲也必須感測到才行。與人類相比，昆蟲的嗅覺敏感度極高。這種性費洛蒙為揮發性物質，例如，蛾類的雌性成蟲由費洛蒙腺所分泌出的費洛蒙非常微量，雄蟲的觸角一接收到散發在空氣中的費洛蒙分子就會引發性亢奮，馬上往氣味來源的上風處飛去。據推測，

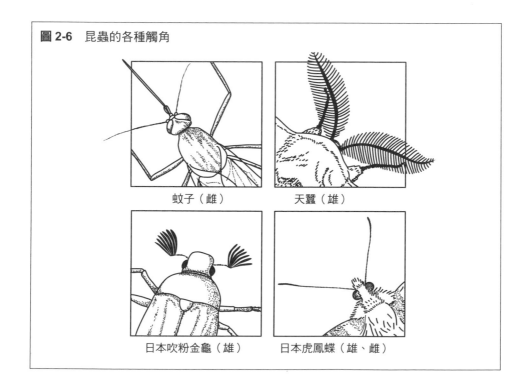

圖2-6 昆蟲的各種觸角

蚊子（雌）　　　　　　　天蠶（雄）

日本吹粉金龜（雄）　　　日本虎鳳蝶（雄、雌）

要引發這種行動，1根觸角只要可接收到80個左右的性費洛蒙分子即可。費洛蒙的氣味在空氣中以不連續且不規則的塊狀存在，但雄蟲可用觸覺感測，並巧妙地邊修正飛行路線，邊飛抵氣味來源的雌蟲身邊。由於大多數的費洛蒙並非單一成分，而是由許多成分以不同的比率組成費洛蒙混合物。令人訝異的是，據說雄蟲不僅可辨識出其組成成分，亦可檢出其組成比率，分辨出同種的雌蟲個體。依據最新的研究，已獲知，觸角上性費洛蒙感應器發現細胞之比率，與費洛蒙混合物的構成比率大致相同。

　　長在觸角上的感覺毛亦為可感應觸覺的器官。此外，大多數昆蟲觸角的基部第二節上，會有一種感覺細胞聚集的器官，人稱莊士敦氏器（Johnston's organ）。在雄蚊身上可明顯看到，它作為聽覺器官，具有感應空氣振動的功能，在飛行時也能發揮計速器的功能。

◆口器

　　昆蟲的口器當然是取食用的器官，但有的昆蟲口器表面及前端也有味覺器官，可用來確認食物、產卵場所及異性等。那就是感覺毛的作用。位於基部的數個感覺細胞透過感覺毛，傳達到它的開口部。開口部碰觸到食物時，可藉由感覺細胞感受到味覺。

　　口器的基本型式為咀嚼式，以蝗蟲為代表，有1對大顎、1對小顎、下唇及舌頭所構成（**圖2-7**）。由這種咀嚼式口器演化出可吸取植物汁液及動物體液的吸取式口器。椿象、蟬、浮塵子及蚜蟲類等半翅目的口器為嘴型，其大小顎變形成刺針。下唇也變形成鞘狀，將刺針包入。蚊類的刺吸式口器並不僅是大、小顎，舌及上唇也是變形成刺針，鞘狀的下唇將刺針包入。牠們首先微細地振動如刀子般的大顎與如鋸子般的小顎，有如撐開皮膚的細胞一般，將吸血的管子（上唇）與注入抗凝血液體的針（喉嚨的一部分）刺入皮

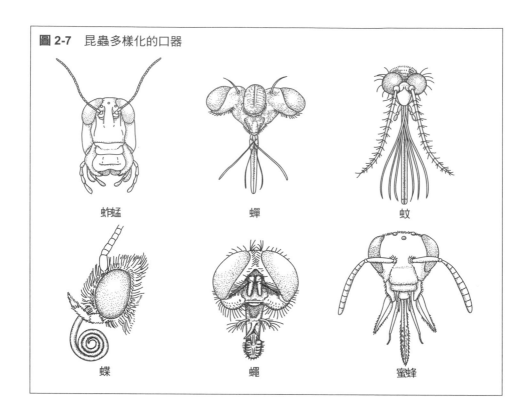

圖 2-7　昆蟲多樣化的口器

蝦蜢　　　　　　蟬　　　　　　蚊

蝶　　　　　　蠅　　　　　　蜜蜂

膚中。牠的針是由非常柔軟、滑順的幾丁質所形成，且因很微細，碰觸到神經的機會較少。此外，所注入的液體中也含有可緩解疼痛的成分，因此，不會讓被針刺到的動物感到疼痛，而可順利吸到血液。

　　蝶類及蛾類的小顎外葉具有發達的虹吸式口器，伸長時可吸取花蜜等。蠅類的口器為舐吸式，下唇變形為唇瓣。蜜蜂類的口器為咀嚼與吸取口器並用。

　　如上所述，昆蟲原本是以咀嚼式的口器型態為基礎，其後各個分類群為攝食食物而進化成適合攝餌的口器。昆蟲因可有效率地利用各種食物資源，其物種的多樣性因而日益提高。

胸部與其機能

　　胸部為運動的中樞，分為前胸、中胸與後胸等 3 部分，每個體節各有 1 對能走會跳的附肢，合計 3 對 6 肢。此外，前胸與中胸各長有 1 對 2 個翅膀，合計 4 個翅膀。胸部可說是運動中樞。

◆附肢

　　昆蟲成蟲的附肢（足）分別由左右對稱的前足、中足及後足，合計 6 隻足組成。為移動這些足，當然需與肌肉連動。各個附肢分為基節、轉節、腿節、脛節、跗節等 5 個節。各節為適應生活樣式而形成不同的型態（**圖 2-8**）。此外，前足、中足及後足中何者較為發達，需視不同種類的生活樣式而定。例如，水黽類為在水面上產生推進力，中足就像長槳一般發達。蚱蜢的後足發達得極長，可產生出強有力的踢力。而螻蛄雖然與蚱蜢同為直翅目，但為了掘土，其前足反較為發達。哺乳類的鼴鼠前腳較為發達也是相同的原因。這是趨同演化（convergent evolution）最好的例子。同樣的趨同演化也可由螳螂（螳螂目）與螳蛉（脈翅目）分類上於目的位階

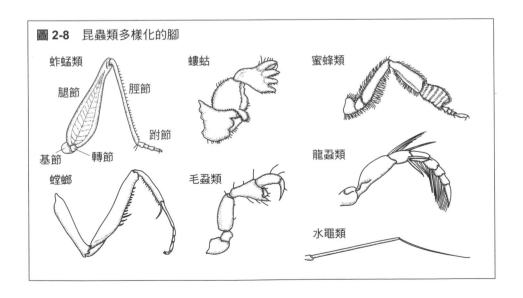

圖 2-8　昆蟲類多樣化的腳

蚱蜢類　　腿節　脛節　跗節　基節　轉節

螻蛄　　蜜蜂類

螳螂　　毛蝨類　龍蝨類

水黽類

即不同的昆蟲（**圖 2-9**）觀察得到。兩者均為了捕獲獵物，前足特化成鐮刀狀，長相酷似。如上所述，昆蟲的附肢型態是針對因應生活史類型（life history pattern）的適應，以及名為趨同演化的生物進化，提供人類非常有趣的啟發。

　　一般認為，昆蟲類的祖先宛如多足類長有許多附肢。如蜈蚣與馬陸這種多足類的「多足」，其優點是可同時驅動長在各體節的眾多附肢，在落葉下的潮濕狹窄空間也可迅速移動。多足類喜歡棲息在多濕的環境，其原因如 2.1.3 所述，因牠們無法關閉氣門，不耐乾燥之故。而可開始關閉氣門，以及用蠟來覆蓋體表的昆蟲祖先可開始進出較為乾燥的環境之後，徒勞無功的多足就沒有必要了。節約與調整結構乃是生物進化的大原則。因此，開始往減少附肢的方向進化了。那往這個方向邊走邊進化的多足類祖先，為何停在 6 隻足呢？觀察昆蟲走路的樣子可發現，牠走路時是以 1 側 2 隻足，另1 側足的 3 隻足著地，保持三角形的方式走路（**圖 2-10**）。因這裡面存在著幾何學的原理—「3 點決定 1 個穩定的平面」，因此步行相當穩定。形成 6 隻腳並非偶然。既然這樣，那蜘蛛為何不是 6 隻腳，而是 8 隻腳呢？其實蜘蛛的前肢特化成鐮刀狀，是用來捕食

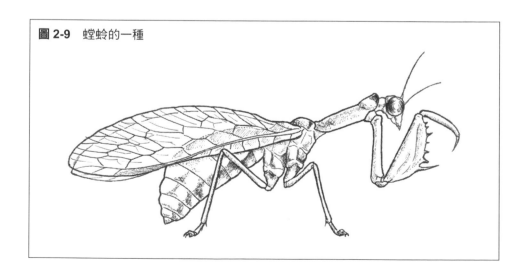

圖 2-9　螳蛉的一種

的。因此，用於步行的腳可說是與昆蟲一樣。昆蟲有 6 隻腳僅限於成蟲，幼蟲的附肢由完全沒有附肢到有 6 隻以上等，各不相同。

目前已知松斑天牛（Monochamus alternatus）受到低週波振動的影響時會顯示出停止運動、驚愕反應、發出警戒聲音等迴避行動。感應這種振動的是位於附肢的弦音器官，感覺細胞附著於細長的弦上，因而可由附肢的接地面接收到振動。感應由松樹所發出的微弱振動後會誘發產卵行動；天牛步行時的振動會與視覺訊息一起被用來進行交尾。

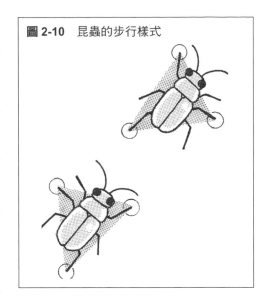

圖 2-10　昆蟲的步行樣式

水面生活的水黽類，將以水為媒介產生的振動作為情報來源。現已明確獲知水黽類的振動接收器存在於附肢的跗節。水黽類為感應水面的振動，因而在附肢上長有這種特殊的接收器。此外，螽斯及蟋蟀類在兩前足的脛節有鼓膜器官，可感覺空氣的振動。

蝶及蠅類在前足跗節前端存在味覺器官。鳳蝶用前足拍打植物，前足上的感覺毛（纖細的毛如刷子狀叢生著）可感受化學物質，已確認牠屬草食昆蟲（**圖 2-11**）。斑蝶類的雌蝶前足呈棍棒狀，與中、後足相較明顯變短。因此，前足並不用來步行，但雌蝶在產卵時會伸長前足，激烈拍打葉面（咚咚地敲），進行寄主植物確認。在前足跗節前端，感覺毛沿著數根的刺並排著，咚咚地敲打時，於此處感應植物的成分。

夜蛾類的鼓膜器官並非在附肢，而是在後胸部。這種鼓膜器官的可聽範圍為 20 ～ 30kHz，這是人類聽不到的超音波。這種超音

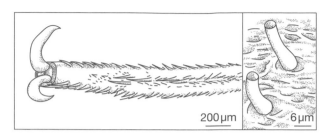

圖 2-11 鳳蝶的前足（左）與感覺毛（右）

200μm　　6μm

（參考勝又陵子、西田律夫，2009 製圖）

波是捕食夜行性夜蛾類的蝙蝠所發出的聲音，夜蛾類對這聲音的反應就是趕快採取逃避行動，極其適應。而且據說其逃避的行動有兩種，聽到的聲音如果微弱，就往反方向遠離音源，進行逃避飛翔；聲音如果很強烈，就立即收起翅膀就地落下。微弱的聲音表示蝙蝠還在遠處，有足夠的時間可從容逃避，而聲音若很強的話，表示蝙蝠已經逼近，因而採取落下行動。

◆翅膀

中胸與後胸各長有 1 對可飛行的翅膀，分別稱為前翅與後翅。在昆蟲的胸部內存在著發達的飛行肌。昆蟲帶動飛行肌的型態有 2 種（**圖 2-12**）。其一，直接飛行肌帶動的型態，以蜻蜓為代表。藉由連接翅膀基部的飛行肌之收縮，使與飛行肌直接連動的 4 片翅膀上下擺動，以這種型態，翅膀的振動數就會相對較少，為大型昆蟲的飛行系統。因此，蜻蜓與鳥類等不同，牠可在空中進行急遽的方向轉換及靜止，甚至可倒退。此外，人類發明的飛機若不是高速的話就無法持續飛行，但蜻蜓在低速也可飛行。這是什麼原因呢？其祕密在於翅膀的表面構造。觀察蜻蜓翅膀的斷面發現，與飛機的機翼不同，並不是光滑，而是呈鋸齒狀凹凸不平的表面。在飛行中，

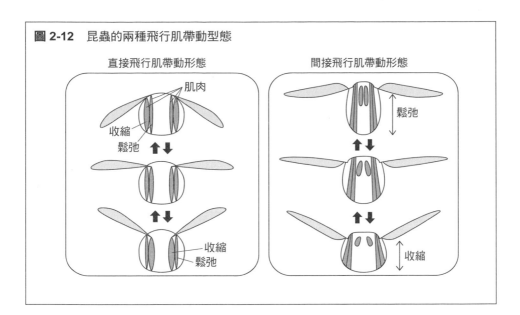

圖 2-12　昆蟲的兩種飛行肌帶動型態

直接飛行肌帶動形態

間接飛行肌帶動形態

肌肉

收縮

鬆弛

鬆弛

收縮

鬆弛

收縮

這凹下去的部分會發生微小的空氣漩渦，這會讓外側的空氣順暢地流向翅膀的後方，即使是微風也可產生浮力（**圖 2-13**）。此外，在強風中，因產生漩渦的關係，流經翅膀周圍的風並不會造成紊亂，因而仍可穩定地飛行。機翼的形狀就是結合翅膀周圍產生的漩渦外圍而製成的。

相對地，如蒼蠅等小型昆蟲則是以收縮飛行肌來帶動胸部外骨骼的背板，間接地驅動翅膀，是一種間接飛行肌帶動的型態。也就是說，胸部背板一由下往上隆起，利用槓桿原理，就會帶動翅膀用力往下揮動。在拱形的背板上有一稱為背縱走肌的肌肉，為增加曲率而進行收縮。在背側與腹側的外骨骼間有一稱為背腹肌的肌肉。

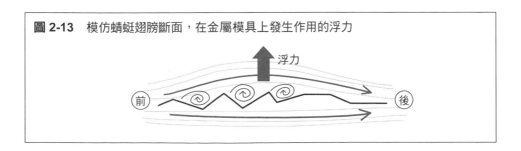

圖 2-13　模仿蜻蜓翅膀斷面，在金屬模具上發生作用的浮力

浮力

前

後

此肌肉若收縮的話，背板就會往下拉；鬆弛的話，由於背縱走肌的收縮，背板就會被往上拉起的一種結構。在這種飛行系統方面，翅膀的振動次數非常頻繁。例如，蚊類的振動次數每秒高達 300 次。昆蟲的外骨骼表皮（Cuticle）非常富有彈性，因此，小型昆蟲利用胸部外骨骼的彈性變形而可以飛行。而使這種飛行模式進化到終極的昆蟲就是蒼蠅類。

　　蒼蠅本來具有 4 片翅膀，其後進化成僅剩前翅的 2 片，讓後翅退化（**圖 2-14**）。這是為了機動性，亦即操控性能進化到終極之故。不過，這樣會面臨失去穩定性的矛盾。為了解決這問題，使後翅退化成棍棒狀。曾認為這是當初為了取得物理上的平衡，因而命名為平均棍。不過，這種想法現在已被否定。平均棍類似體操用的瓶狀棍棒，現已被認為它是一種感覺器，蒼蠅讓平均棍非常高速地揮舞振動，可檢測出飛行運動的角速度。也就是說，平均棍與飛機的陀螺儀（偵測物體的角度及角速度的計測器）功能類似，這已成為一種有力的說法。不過，即使如此，這並非新發現。昆蟲的翅膀基部原本就有感覺器官，可感應扭轉的力量。經由位於翅膀基部的感覺器官傳入神經的訊息，在飛行中敏捷地振動的翅膀，就發揮了初期的陀螺儀功用。

　　蒼蠅縮短腹部，往獲得高機動性的方向探索進化的過程中，一定會面臨無法穩定飛翔的問題。因此，將後翅平均棍化，藉由進化成高度的陀螺儀控制（gyro-control），解決了操縱性與穩定性的此消彼長（Trade Off）（利害的對

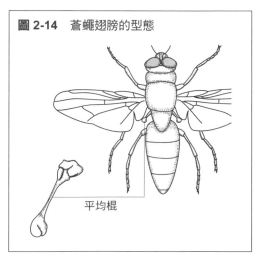

圖 2-14　蒼蠅翅膀的型態

平均棍

立）。這時候，透過平均棍的計測器官與腦神經進行計算的能力勢必要提高。蒼蠅因而如上述將後翅做為陀螺儀並小型化，另一方面將前翅擴大。蒼蠅除了可以極快的速度飛行外，也可在空中靜止不動。此處出現了做為間接飛行肌型的飛行昆蟲之終極姿態。有關昆蟲的飛行器官及飛行性的進化方面，在思考昆蟲這種生物的進化之際，是極其重要的事件，因此，將於第 3 章進一步詳述。

翅膀最重要的就是進化成飛行器官，其次重要的是，做為各式各樣功能的器官使用。如蟋蟀類、鈴蟲、雲斑金蟋等會鳴叫的昆蟲，其翅即作為發音器官，發揮了重要功能。而昆蟲的翅膀以蝴蝶為代表，呈現出繽紛的色彩，用來做為雌雄互通訊息的信號；此外，對於眼睛銳利如鳥類等捕食者，則具有保護色及警告色的功能。後者於第 6 章再詳述。

2.1.3 腹部及其機能

昆蟲的腹部除了呼吸器官及消化器官等生存上重要器官之外，具有傳宗接代功能的生殖器官則是最大特徵。

◆呼吸器官

脊椎動物的呼吸器官，有像魚類用鰓呼吸；有幼體是鰓呼吸，成體是肺呼吸的兩棲類；有如爬蟲類、鳥類及哺乳類等是用肺呼吸，在因應進化階段上各有所不同。在昆蟲方面又是如何呼吸的呢？

昆蟲腹部的兩側有稱為「氣門」（沿著體側排列的特別呼吸口）的小孔一直開啟著。被稱為氣管的呼吸器官將氧氣由氣門運送至身體內部。氣管最初只有 1 根管子，但不久就非常細微地分支到體內各個角落（**圖 2-15**）。氧氣的輸送基本上是利用空氣的擴散，由濃度高處往低的地方流動。蜜蜂及蒼蠅等較進化的昆蟲，也會利用腹

部體節的伸縮，將空氣送入氣管網，幫助呼吸。以蜜蜂進行的實驗顯示出，若放置在氧氣濃度較低的條件下，蜜蜂需更加激烈地收縮腹部，才可持續獲得同等

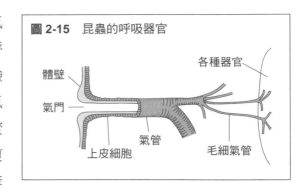

圖 2-15　昆蟲的呼吸器官

體壁
氣門
上皮細胞
氣管
各種器官
毛細氣管

量的氧氣。此外，蜻蜓及蚱蜢，或甲蟲的同類藉由更加激烈地拍動翅膀，可促進氣管內的空氣流動，增加氧氣的取得。另一方面，在體內發生的二氧化碳則透過氣管排出。

　　這種呼吸器官對於體型小的昆蟲，是一種非常適合氧氣輸送的系統。不過，隨著體型增長，就難以將氧氣輸送到身體內部。因此，像獨角仙這種體型較大的昆蟲，或者像蜜蜂這般激烈運動的昆蟲，則使氣管的某些部分膨脹起來發達成大氣囊，以縮短到身體組織的距離。雖然如此，昆蟲的呼吸系統對於體型大型化的進化上形成制約。這是昆蟲身體無法變大的原因之一。反過來說，以昆蟲為首，動物巨大化的背景是因大氣中的氧氣濃度上升的關係。在石炭紀出現了翅膀展開時長達 70 cm 的巨大蜻蜓，這是為人所熟知的事。在這時期，巨型化的生物並不僅有蜻蜓。在節肢動物方面，有展翅超過 50 cm 的蜉蝣同類、體長超過 1m 的馬陸同類，以及兩肢展開來將近 50 cm 的蜘蛛同類，簡直是個科幻世界。脊椎動物方面，兩棲類也有體長 5m 的蠑螈；植物方面，蕨類也如樹木般巨大。這些生物的呼吸需靠被動式的氣體擴散，其所以會巨型化，大氣中的氧氣濃度上升是無庸置疑的。

　　由於氣門有通向外界的小孔，水分有機會從小孔溢出，不過，昆蟲類已開始能夠關閉氣門，如體表覆蠟等，這是為防止水分逃逸而產生的進化。

那麼，棲息在水中的昆蟲又是如何呼吸呢？水生昆蟲的呼吸方法分為 3 種（**圖 2-16**）。例如，鞘翅目的龍蝨在腹部背板與鞘翅之間蓄積空氣，由氣門進行呼吸，這是腹甲呼吸法。半翅目的大田鱉及紅娘華將位於尾部的呼吸管伸出水面進行呼吸，這是浮潛方式。蜻蜓的幼蟲水蠆及蜉蝣的幼蟲雖是水生，但牠們以稱為「氣管鰓」的薄袋狀或細絲狀構造進行鰓呼吸。如上所述，水生昆蟲的呼吸相當多樣。

　　與甲殼類有共同祖先的昆蟲類經由進出陸地不斷進化，其中的一部分為何又返回水中，是否打算進行第二次適應呢？這是非常有趣的進化問題。是在陸地上競爭失敗？或尋覓存在於水中的

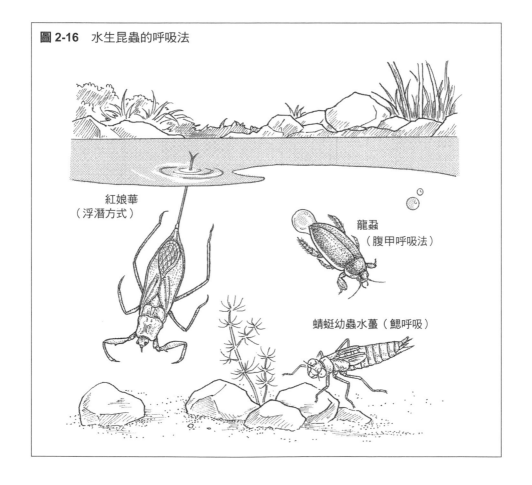

圖 2-16 水生昆蟲的呼吸法

紅娘華
（浮潛方式）

龍蝨
（腹甲呼吸法）

蜻蜓幼蟲水蠆（鰓呼吸）

食物等新資源的結果？詳情並不清楚。在脊椎動物的哺乳類方面，也有再次返回水中的群體，如鯨魚等。順便一提，目前已獲知鯨魚是與牛之類的偶蹄類相近的同類。其根據之一，就是初期的鯨魚足踝骨頭與偶蹄類有相同的構造。此外，稱為反轉錄轉座子（Retrotransposon）的基因解析結果，也獲知與鯨魚血緣最近的是河馬。在鳥類方面，也有如同企鵝，放棄在空中飛翔，轉為在水中游泳的鳥類。企鵝的游泳方式宛如在水中「飛翔」一般。據推測，鯨魚及企鵝等是為尋覓海中的豐富食物資源，而再次適應水中生活的動物。棲息於加拉巴哥群島的海鬣蜥，祖先物種原陸生，然而火山島上昆蟲及植物都很少，因此尋覓豐富海草，而進化成水生動物。水生昆蟲的進化或許理由相似，因淡水中有豐富的水蚤、小魚及落葉等食物。

◆消化器官

　　腹部也有主要的消化器官。由口經食道延伸而成的消化管，在腹部分為前腸、中腸與後腸 3 部分，以及末端的肛門（**圖 2-17**）。

基本的消化道組成和脊椎動物一樣。食物主要在中腸消化與吸收。在中腸與後腸之間與排泄器官的馬氏管相連接。馬氏管相當於人類的腎臟，其主要功能是排除體內的代謝廢物及水分的再利用。

　　腹部全體分布著稱為「脂肪體」的組織，在此處進行脂質、醣類、蛋

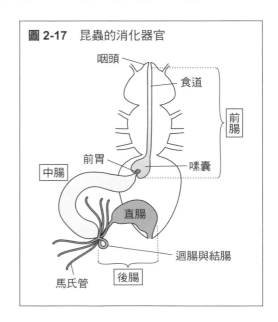

圖 2-17　昆蟲的消化器官

咽頭
食道
前胃
嗉囊
中腸
直腸
迴腸與結腸
馬氏管
前腸
後腸

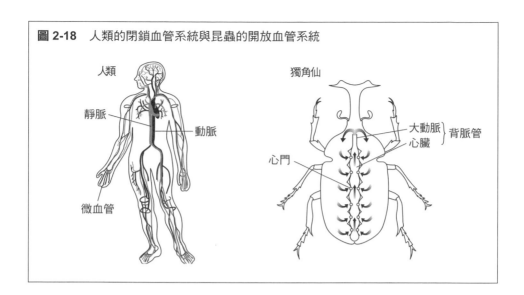

圖 2-18　人類的閉鎖血管系統與昆蟲的開放血管系統

人類

靜脈

動脈

微血管

獨角仙

大動脈 ｝背脈管
心臟

心門

白質等的蓄積、生成及分解，相當於人類的肝臟。在消化管經消化、吸收的營養物及脂肪體，所產生的物質透過體液進行移動。昆蟲並無心臟及閉鎖血管系統（closed blood-vascular system），而是利用相當於心臟器官的一種結構——背脈管，使體液在全身循環（**圖 2-18**）。

◆生殖器官

　　昆蟲腹部具有行有性生殖的生殖器官，是一種具有特殊性存在的器官（**圖 2-19**）。雄蟲具有精巢、貯精囊、射精管及交尾器（陰莖）；雌蟲則具有卵巢、受精囊、輸卵管、生殖腔、交尾孔及產卵孔。昆蟲像哺乳類一樣透過交配，由雄蟲將精子送入雌蟲。昆蟲通常以交配進行有性生殖，但有的昆蟲也進行稱為孤雌生殖的單性生殖。昆蟲的性、交配行動及配偶系統等的進化饒富趣味，將於第 7 章詳細介紹。

　　如上所述，昆蟲的體節大致分為 3 部分，使各體節特殊化成具有感覺、運動功能，以及生殖上必備功能之生殖器官等。據說不論

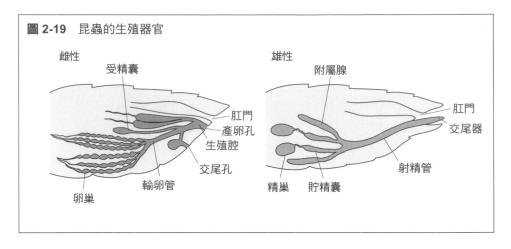

圖 2-19 昆蟲的生殖器官

雌性
受精囊
肛門
產卵孔
生殖腔
交尾孔
輸卵管
卵巢

雄性
附屬腺
肛門
交尾器
射精管
精巢　貯精囊

是口器、觸角、翅膀，當然也包括附肢等，這些原本都是祖先節肢動物的附肢。昆蟲類將許多體節統合成 3 部分，並成功地將存在於各體節的附肢特殊化，做為攝食、知覺、運動及具有交配功能的生殖器官等，宛如一部極為合理且精巧的機器人。

這種附肢的進化並非無中生有，而是將現有的基因集（gene set）有效運用，並修正發生的過程所致。變更現有構造，在舊的基因上加入新的變更，並據以謀求革新。

其次，就昆蟲全身的型態特性加以說明。

2.2 一般的型態特性

前文將昆蟲的型態特性分為頭部、胸部及腹部 3 大部分，就其主要功能加以說明。以下就涉及這 3 大部分的一般型態特性加以論述。

2.2.1 體型的小型化

昆蟲在體型大型化的進化實驗上以失敗收場。在地球上古生代的石炭紀，如巨脈蜻蜓般巨型的蜻蜓在空中飛行過，但其後全部滅

絕了。據認為，大氣中的氧氣濃度降低為其原因之一。

　　不過，大型化的失敗對於昆蟲而言，也可說是幸運的。因為體型小型化乃是昆蟲類綿延昌盛的另一個要因。首先，由於小型化，才能在狹窄的棲息場所環境下開始特殊化；而且潛藏在狹窄的空隙及土中、落葉下，也可緩和外界氣溫的衝擊。其次，可縮短至羽化的生長期及生命週期，加速對於環境變動的適應速度。觀察各種生物的體型與增殖潛能間之關係發現，體型愈小的生物，世代時間愈短，且每單位時間的個體群之增加率有愈高的傾向。除了細菌與微生物外，昆蟲是個體數增加潛能最高的動物之一。一般而言，產卵數多且壽命短為其要因，這樣的生物進化速度快，對環境的變化也較容易適應。在謀求對多樣化環境的進化適應上無疑是極其重要的。而世界最小的昆蟲為北美產甲蟲的纓毛蕈蟲科（Ptiliidae）之一種（0.25 mm）及薊馬卵寄生蜂（又名仙女蜂）（Megaphragma）的一種（0.18 mm）（**圖 2-20**）。

　　由於昆蟲體型很小，牠們所遭遇的物理現象遠超乎我們想像。

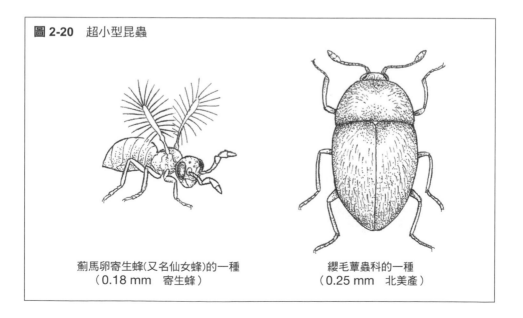

圖 2-20　超小型昆蟲

薊馬卵寄生蜂(又名仙女蜂)的一種
（0.18 mm　寄生蜂）

纓毛蕈蟲科的一種
（0.25 mm　北美產）

動能與長度的 5 次方成正比，例如，老鼠 10 分之 1 長度的昆蟲，與老鼠相較，是以老鼠的 10 萬分之 1 的能量碰撞物體。因此，昆蟲由高處落下也能平安無事，其理由就在此。水黽類可在水面輕輕滑走，原因之一就是因牠們的體重極輕，連水的表面張力都足以支撐。

2.2.2 外骨骼

節肢動物的外骨骼由幾丁質所形成，稱為 "Cuticle" 的膜形成表皮層。身體變大時，舊的外骨骼脫落，形成新的外骨骼，稱之為蛻皮，為節肢動物的重要特徵。乍看之下呈現光滑的外骨骼，若擴大來看，表面呈現魚鱗狀、鉤狀及毛狀等，為多樣且纖細的構造物。

人們認為「吃與被吃」的關係帶來了生物爆炸性的多樣化。捕食者如何捕獲獵物呢？反之，被食者如何逃避捕食者呢？兩者有如賽跑一般。例如，捕食者若具有銳利的牙齒、追蹤用的足或發達的鰭，被捕食者一方就具有防禦用的硬殼及棘、逃走用的足或發達的鰭。被捕食者的武裝即使看起來像是虛張聲勢，但實際被攻擊時不僅會有幫助，還能發揮「敢攻擊我，我也要讓你付出代價」的視覺訊息效果。據推測，像這種攻擊武器與防禦武器之間的非對等軍事競賽，在寒武紀時的海中就開始上演了。

昆蟲進化成以堅硬的幾丁質被覆著外骨骼，其最重要的理由被認為是要逃避捕食者。不過，這不僅是對捕食者所採取的對策，也必定是為了遮風避雨及乾燥等物理性壓力，以保護身體的一種方法。外骨骼形成多重構造，其外側被覆的構造被稱為表皮層（Cuticle）。表皮層本身也是由內、外、上 3 層所組成（**圖 2-21**）。

其中上表皮層具有防水性，是最重要的一件事。因為是小型動物，對於比表面積（表面積和體積之比）大的昆蟲而言，水分的喪

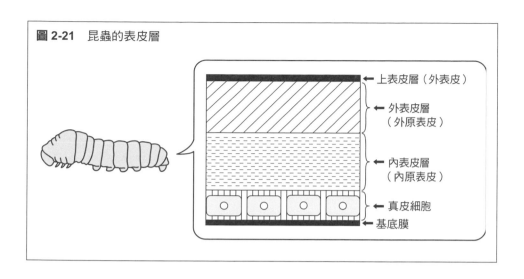

圖 2-21　昆蟲的表皮層

← 上表皮層（外表皮）

← 外表皮層
　（外原表皮）

← 內表皮層
　（內原表皮）

← 真皮細胞
← 基底膜

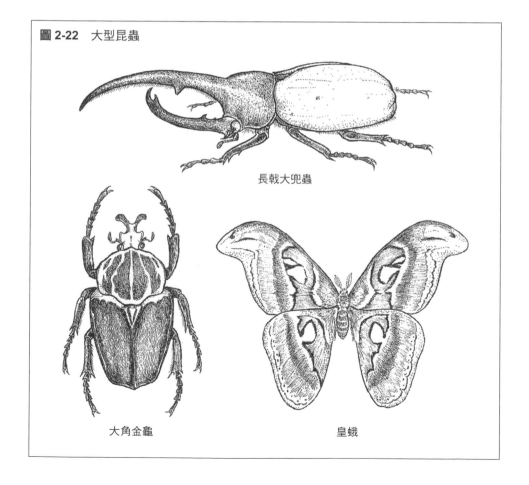

圖 2-22　大型昆蟲

長戟大兜蟲

大角金龜　　　　　　　皇蛾

失是很嚴重的問題。上表皮層因有覆蠟，撥水性良好，可保護昆蟲避免乾燥。

　　不過，另一方面，外骨骼的發達對於昆蟲產生很大的制約，那就是長不大。大型化造成外骨骼的重量加重，最後有可能會被自己的重量給壓垮，這種力學上的問題可能會產生。不像內骨骼的脊椎動物，昆蟲採用外骨骼這種系統，就背負了無法大型化的宿命。而出現在「風之谷的娜烏西卡（Nausicaa of the Valley of Wind）」（動漫）中的巨型昆蟲「王蟲」只在漫畫的世界中才會存在。

　　昆蟲雖然無法大型化，但長戟大兜蟲包含角在內之體長也有16.5 cm；皇蛾展翅的話也達 30 cm；大角金龜體長 12 cm，體重也有100g（**圖 2-22**）。不過，以現在地球環境來看，這似乎就是極限了。

2.2.3　體毛及其功能

　　昆蟲的另一特徵是體表的感覺毛（**圖 2-23**）。感覺毛並不像哺乳類所長的實際上的「毛」，而是大多看起來像毛般的纖維狀構造物。昆蟲全部神經細胞的 90％形成體表的感覺細胞。與脊椎動物的0.01％相較，實在是令人驚訝的比率。做為感應器作用的感覺毛中，具有感應聲音及觸覺等的接收器、嗅覺及味覺的接收器、濕度及溫度的接收器。藉由頻率不同的感覺毛，敏銳地感應空氣的振動，而可採取行動。

　　體表的毛具有防水功能。例如，在水面生活的水黽，其被覆體表之毛是由剛毛與微毛所形成，

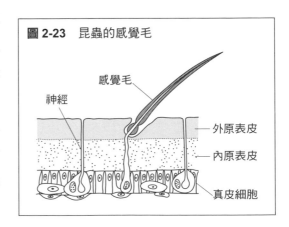

圖 2-23　昆蟲的感覺毛

感覺毛

神經

外原表皮

內原表皮

真皮細胞

附肢全部以剛毛覆蓋。剛毛可抗水，微毛的功能則是在潛水時可保持被壓縮的氣泡。也就是說，在水面上牢牢地加大間隔的剛毛可將水滴滾落，而細密叢生的下層微毛則形成可保持水與空氣的介面之毛層，可使覆蓋體表的空氣不會逸散。這就是水黽的防水性結構。

蝶及蛾等鱗翅類的翅覆滿鱗粉，鱗粉的起源也是毛。據說鱗翅類是由水生昆蟲的毛翅類同類進化而來，但也有認為，毛翅類翅膀所長的細毛呈瓦狀的是鱗粉。鱗粉具有很高的撥水性，覆蓋在胸部具有保溫與保護的功能，也可幫助飛行肌熱身，同時，也可利用含有色素的毛排列形成的模樣發出訊息。

有一種稱為大絹斑蝶的蝴蝶可在日本本州或九州，與沖繩或奄美等西南群島之間進行遷徙，飛行距離最高長達 2000 km 以上。其翅膀由黑與褐色部分以及淺蔥色的半透明部分所形成。一般蝶類翅膀為鱗粉，被認為可防水。首先，黑與褐色部分與一般蝴蝶一樣，覆蓋著底色與黑褐色兩種鱗粉重疊，完全地覆蓋著表面（**圖2-24**）。另一方面，半透明的部分與黑褐色部分迥異，鱗粉不僅細緻，同時完全沒互相重疊，而且覆蓋表面僅 18 ～ 35％，翅膀的基質部分露出。

撥水性依水的接觸角來判定。其方法為，將一定量的水放置在樣品的表面，測量水滴接觸表面的點與水滴表面的切線，以及平面的角度。接觸角未滿 90 度的話為親水性，90 度以上為撥水性，150度以上為超潑水性（**圖 2-25**）。一般蝴蝶的翅膀，其接觸角很高，為 150 度至 160 度。像瓦屋頂一般，鱗粉以細密重疊所形成的構造，其接觸角就會較高。順便一提，人造撥水素材的鐵氟龍為 90度～ 120 度，由此可知蝴蝶翅膀的撥水性是多高了。

如上述，鱗粉具有各種功用，但還有另一個重要功能就是，被天敵捕獲時容易逃脫。例如，蝶及蛾類被鳥類等捕食者叼到翅膀時，因鱗粉的關係，可滑不溜丟地逃走；另若被蜘蛛網纏住時，也

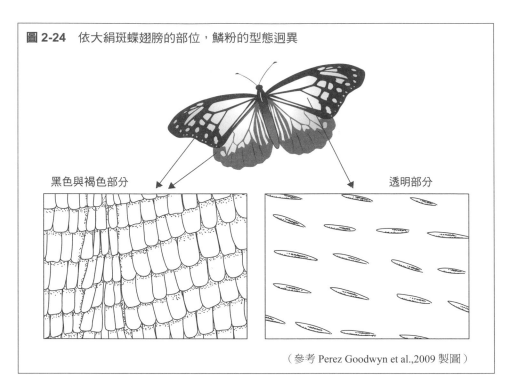

圖 2-24　依大絹斑蝶翅膀的部位，鱗粉的型態迥異

黑色與褐色部分

透明部分

（參考 Perez Goodwyn et al.,2009 製圖）

可留下鱗粉脫身飛走。某研
究者就將鱗粉形容為如「大
福餅（日式麻糬）的粉」。或
許逃避捕食者的效用才是鱗
粉進化的最主要因素。

　　此外，昆蟲藉由附肢接
觸面之纖細構造變化，可毫
無困難地在玻璃面及垂直面
行走。這是利用含有液體的
中空毛前端，接觸玻璃面等
時的毛細現象，或附著於玻
璃表面的稍許凹凸時，產生
作用的分子間作用力。此

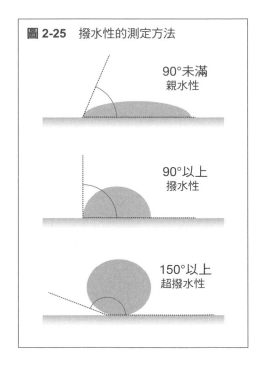

圖 2-25　撥水性的測定方法

90°未滿
親水性

90°以上
撥水性

150°以上
超撥水性

外，某種金花蟲的同類雖是在陸地生活，但也可在水面上行走。金花蟲在陸地時，利用附肢內的剛毛產生分泌物，可緊貼在物體表面行走，即使在水中，附肢前端也會形成球型圓柱狀狀，其中所蓄積的氣泡可防水，附有分泌液的毛前端因而可附在水面上（**參閱圖 10-3**）。

2.2.4 變態

昆蟲中，如蠹魚在成長過程中，型態幾乎毫無變化，僅經由蛻皮體型成長，是無變態的昆蟲。但在成長過程中，型態發生巨大變化的變態，為昆蟲的特徵之一。變態大致可分為無蛹期的不完全變態，與有蛹期的完全變態（**圖 2-26**）。進行完全變態的昆蟲，在進化上算是相當嶄新。化蛹時期，幼蟲的組織幾乎都破壞掉，置換成重新產生的成體細胞。乍看之下似乎無絲毫動靜的蛹，其實其內部正在發生「宛如暴風雨的革命」。但現已得知在幼蟲體內就已備有附肢及翅膀的原基（Primordium）。

利用紋白蝶進行的研究得知，蛹體會分泌出一種稱為 Pierisin 的物質，這種物質毒性非常高，可只破壞不需要的細胞，而將重要的細胞保留下來。

另一方面，不完全變態可再分為漸進變態與半行變態兩種。蚱蜢的若蟲與成蟲極為相似，這是漸進變態；而像蜻蜓的稚蟲與成蟲型態及棲息環境各不相同則為半行變態。

完全變態發達也是昆蟲類繁衍旺盛的重要因素。完全變態在生態上為何是有利的呢？例如，像蚱蜢及椿象這類不完全變態的昆蟲，其若蟲與成蟲的棲息場所相同，食物也一樣。而像蝴蝶及獨角仙這類完全變態的昆蟲，其幼蟲與成蟲的棲息場所大多不一樣，食物也各不相同。完全變態的幼蟲一心一意地扮演生長的角色，成蟲則專心地負起生殖的任務，徹底分工化。同時，這也一定會減輕成

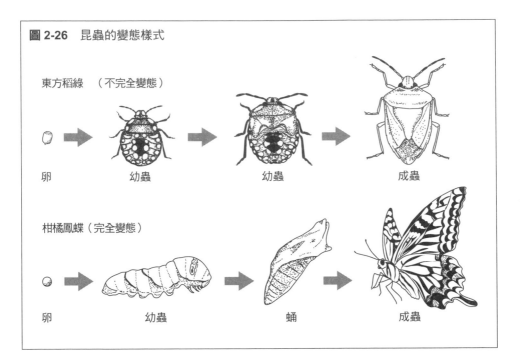

圖 2-26　昆蟲的變態樣式

東方稻綠　（不完全變態）

卵　　　　　　幼蟲　　　　　　幼蟲　　　　　　成蟲

柑橘鳳蝶（完全變態）

卵　　　　　　幼蟲　　　　　　蛹　　　　　　成蟲

蟲與幼蟲在食物資源上的競爭。

　　再者，完全變態的昆蟲依成長階段會改變棲息場所，可分散棲息場所惡化的風險。即使環境發生變動也不致滅絕，存活下去的機率很高。另外，在昆蟲目種類最多的前 5 名排行中，前 4 名均為完全變態的昆蟲（**圖 2-27**），由此也可明確顯示出完全變態的優勢。

　　控制昆蟲生長及變態的是蛻皮激素（Molting hormone）與青春激素（juvenile hormone）兩種賀爾蒙。蛻皮激素的蛻化類固醇（ecdysteroid）是由位於前胸的前胸腺所分泌，決定性的控制蛻皮及變態。青春激素由位於頭部的咽側體（Corpus allatum）進行合成與分泌，具有輔助蛻化類固醇之作用。蛻化類固醇作用時，青春激素也存在的話，幼蟲蛻

圖 **2-27**　昆蟲目種類最多的前 5 名排行榜

1. 鞘翅目（370,000 種）（完全變態）
2. 鱗翅目（138,000 種）（完全變態）
3. 膜翅目（130,000 種）（完全變態）
4. 雙翅目（110,000 種）（完全變態）
5. 半翅目（　39,000 種）（不完全變態）

皮後仍為幼蟲；青春激素僅存在少許的話，幼蟲往蛹變態；無青春激素，僅蛻化類固醇作用的話，蛹往成蟲變態。利用兩種賀爾蒙絕妙的相互作用，控制昆蟲的生長及變態。

2.2.5　中樞神經系統

　　昆蟲的中樞神經系統相當於脊椎動物脊髓的腹神經索，它在每一體節均具有神經節（亦稱為神經球的一種迷你腦），是一種分散型的訊息處理系統。由於結構看起來像是梯子一般，因而被稱為「梯狀神經系統」（**圖 2-28**）。頭部由 3 個神經節一起形成腦部，在此處進行感覺訊息的處理與統合、行動模式的選擇、指令訊號的生成等。胸部有胸部神經節，控制位於胸部的附肢與翅膀的運動。即使將頭部切除，昆蟲仍可正常地進行拍翅運動，但只能直線飛行的模式，這已獲得證實。同樣地，也可做步行運動。這種拍翅及步行呈現出具有規則、節奏的運動乃是位於胸部神經節，稱為中樞模式產生器（central pattern generator, CPG）的神經網路所製造出來。腹部有腹部神經節，此處為控制尾部的彎曲與生殖行動。

　　由上述可知，昆蟲的腦是分散開來的，因而被稱為分散腦，與集中於頭部的人類腦部迥異。例如，昆蟲的腦約有 10 萬至 100 萬個神經細胞，人類則有 1000 億個，相較之下，即使是昆蟲最多的 100 萬個神經細胞，也只不過是人類的 10 萬分之一。如此看來，昆蟲的腦實在是非常小，但其 90％是由感覺

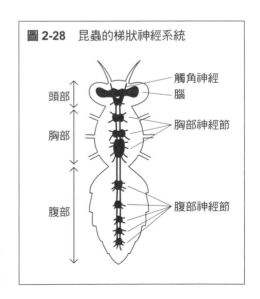

圖 2-28　昆蟲的梯狀神經系統

頭部
胸部
腹部

觸角神經
腦
胸部神經節
腹部神經節

器使用。感覺神經元由感覺器接收到的刺激，首先傳至神經節的中間神經元。在此處進行訊息處理後，經運動神經元傳至附肢及翅膀等運動器官。這是一種極為迅速的反應。例如，要使用蒼蠅拍拍打蒼蠅時，常常會被牠在瞬間逃逸，這是因「前方有什麼東西正在移動」的這種視覺訊息，透過特別的神經，立即傳至飛動翅膀的飛行肌之故。

　　昆蟲擁有的感覺器可說是成群結隊一般。昆蟲利用其相對較少的神經細胞，以位於觸角的嗅覺分辨氣味；以複眼的視覺捕獲獵物或逃避天敵；以口器感受味覺並攝取食物。然後，令人驚訝的是，統合訊息、進行記憶與學習的腦部位也位於頭部。有關昆蟲的學習能力，已進行過很多實驗。例如，以黃斑黑蟋蟀進行實驗，在兩種氣味中分別加入水（報酬）與鹽水（處罰），組合起來實驗的結果：❶即使訓練 1 次也可學習起來，但其記憶約 8 小時就會消失；❷每隔 5 分鐘訓練 4 次的話，可保持 1 天的記憶；❸每隔 30 秒訓練 4 次時，與❶相同的結果。由此結果顯示出，多次的學習，特別是間隔一段特定時間的多次學習，比起 1 次的學習可保持較長的記憶。由於同樣的情形也適用於人類身上，神經系統介入的學習原理，似乎超越了動物的系統而沒有兩樣。

　　即使是寄生在昆蟲的小型寄生蜂，也具有優異的學習能力。給牠們砂糖水當報酬的同時，也讓牠們聞香草的味道，下次即使只聞香草的味道也可引誘牠們。也有利用這種聯想學習能力，對蜜蜂進行饒富趣味的實驗。讓蜜蜂選擇顏色 2 次，2 次都選同樣顏色的話，就給予砂糖水當報酬的一種訓練，讓牠們學習與記憶之後，下次並非選擇顏色，而是將選項變更為 2 種模樣與氣味，即使如此，蜜蜂仍可選出同樣模樣與同樣的氣味（**圖 2-29**）。據說，反過來以不同顏色進行給予報酬的訓練，仍可選出不同的模樣與氣味。由此結果顯示，蜜蜂可理解「相同」與「不同」的抽象概念。像昆蟲這種

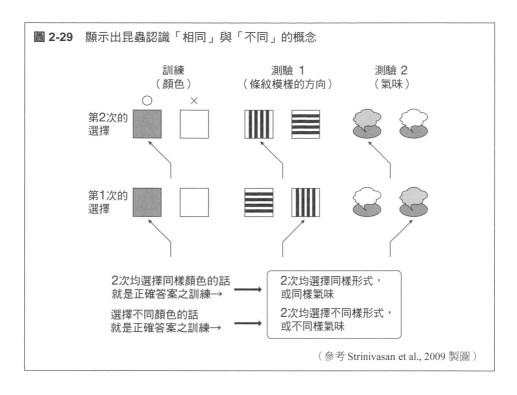

圖 2-29 顯示出昆蟲認識「相同」與「不同」的概念

訓練
（顏色）

測驗 1
（條紋模樣的方向）

測驗 2
（氣味）

○　×

第 2 次的
選擇

第 1 次的
選擇

2 次均選擇同樣顏色的話
就是正確答案之訓練→

選擇不同顏色的話
就是正確答案之訓練→

2 次均選擇同樣形式，
或同樣氣味

2 次均選擇不同樣形式，
或不同樣氣味

（參考 Strinivasan et al., 2009 製圖）

「低等動物」可進行被認為是人類專利的抽象思考，實在令人驚嘆連連！

　　蜜蜂所擁有的訊息系統也令人驚訝不已。那就是諾貝爾獎得主馮孚立（Karl von Frisch）博士所研究的「搖臀舞（waggle dance）」。當工蜂發現蜜源，回巢後會用跳舞的方式告知同伴，蜜源若就在附近時，就跳環繞舞（round dance）；蜜源若在遠處就跳 8 字形舞蹈（**圖 2-30**）。8 字形舞蹈，是邊劇烈地搖動臀部邊直飛的動作，與向左右描繪半圓的動作所形成的舞蹈。據說頭所朝向的直線部分是指引蜜源方向。由於蜜蜂將太陽的方向解讀為蜂巢的正上方，例如，直線部分是朝正下方時，表示蜜源位於與太陽正好相反的方向。蜜源在太陽右邊的話，就依其角度向右跳舞。此外，跳舞時會持續發出 250 赫茲的聲音，此時聲音持續的間隔表示距離蜜源的距離。也有研究者將這種訊息傳達系統當做是蜜蜂的語言，可

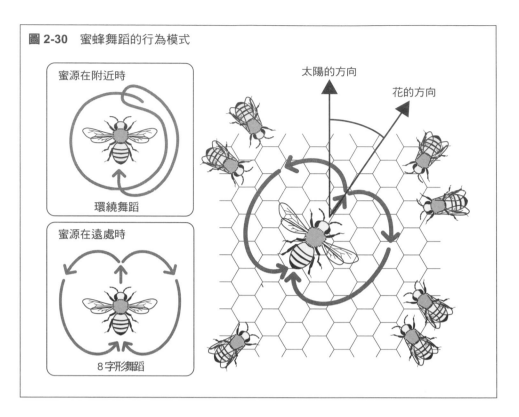

圖 2-30　蜜蜂舞蹈的行為模式

蜜源在附近時

環繞舞蹈

蜜源在遠處時

8 字形舞蹈

太陽的方向

花的方向

比擬為人類的語言。蜜蜂的腦重量佔體重的比率約略與人類相同，或許這也道出了蜜蜂的聰明程度。蜜蜂的這種智慧與 8.2 所述的社會性之進化密切相關是無庸置疑的。

　　有的昆蟲會使用器具。雌性的細腰蜂可用顎夾著小石子，堵住蜂巢入口。這表示昆蟲也會使用器具，令人驚奇不已。不過，這只是牠們本能行動而已。並不像人類與黑猩猩一般，理解結構後再使用器具。因此，並不能根據這種行為就說昆蟲擁有智能。

2.2.6　體色

　　昆蟲的視覺可辨識包括紫外線在內的各種顏色，如前文所述。昆蟲體色的色彩也相當多樣化，其色彩可分為 3 種：由色素化合物所形成的色素色（pigmentary colour）、由體表的物理特性所形成的

結構色、以及由以上兩種顏色混合而成的混合色（**圖 2-31**）。

　　稱為蝶呤（pterin）的色素是由代謝廢物的尿酸所誘導出來的色素，呈現出紋白蝶的白色及黃蝶的黃色。這可說是一種廢物利用。用紫外線照射翅膀的話，雌蝶的翅膀會呈現白色，而雄蝶則呈現黑色。由於昆蟲看得見紫外線，因而紋白蝶可用這種顏色的不同來鑑別雌雄。

　　人類也具有的黑色素是來自胺基酸，在蝴蝶的翅膀呈現出黑色及褐色的黑色素。蟑螂的黑褐色也是以黑色素為基底，有人認為昆蟲棲息在有落葉的林地，黑褐色不僅可有效地做為保護色，而且可防紫外線傷害，達到保護身體的效果。色彩繽紛的顯花植物也是如此，在缺乏水分緩衝的地上，如何保護身體，避免受到有毒紫外線的傷害乃是生死存亡的問題，因而認為昆蟲在色彩上也具備這種功

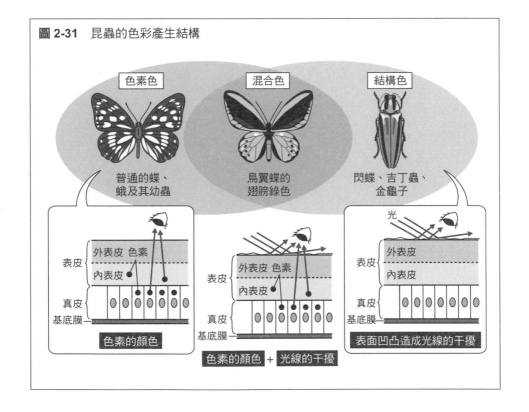

圖 2-31　昆蟲的色彩產生結構

能。

目前已獲知，昆蟲幼蟲的體液及皮膚所呈現的綠色，是來自植物的類胡蘿蔔素（carotenoids）（黃色）與體內合成的膽色素（bilin）（藍色），以各種比率混合而成。煙青蟲及玉米穗蟲等夜蛾科的幼蟲，有褐色、綠色及橘色等各種體色的變異。讓昆蟲吃類胡蘿蔔素較多的植物部位，容易使昆蟲體色呈現綠色。以果蠅為首，目前已知幾乎所有昆蟲的眼睛都存在眼色素系，有紫、紅、黃、茶色等各種不同的色素。不只是眼睛，在蠶等的卵、鱗翅目昆蟲等的體表及翅膀都存在眼色素系。另外，秋赤蜻、夏赤蜻、紅蜻等紅色蜻蜓的紅色，亦是由眼黃質與二氫眼黃質這兩種眼色素系的色素所形成。不過，黃色的雌性及未成熟的雄性之體色，仍是以這兩種色素為主要色素。為何會有不同的顏色呢？其實將紅蜻蜓的紅色素以氧化劑處理時，就會變成黃色，再加入還原劑（抗壞血酸，亦即所謂的維他命 C）時又會變回紅色，因而可知。紅色蜻蜓變成紅色的現象是由色素的氧化還原反應所產生。而這也意味著，變成紅色的紅蜻蜓之雄性成蟲，在皮膚上大量蓄積著還原型抗氧化物質維他命 C 的原因。這與植物的維他命 C 一樣，可減輕有害紫外線所造成的氧化壓力，具有保護細胞之作用。成熟的雄蟲可在烈日下營造勢力範圍，埋伏等待雌蟲的到來，會變成紅色也是為了防紫外線以保護身體，似乎並非只是為了繁殖。

昆蟲色素中也有某種色素對我們人類很有助益。那就是呈現紅色而被稱為胭脂蟲紅的色素。這是介殼蟲科胭脂蟲（取自胭脂色）同類（胭脂紅蟲）的雌性成蟲所具有的色素。這種胭脂紅蟲僅棲息在中南美的圓扇仙人掌同類。利用水與乙醇可將乾燥了的雌性成蟲中的這種色素萃取出來。對於織物、口紅等化妝品、藥品及顏料等的著色已成為不可或缺的色素，成為熱帶貧困地區的重要收入來源。

以上介紹昆蟲的體色是由身體表面或其下面的色素所形成，亦有起因於皮膚的超微細線狀構造，造成反射光之干擾或散射等，那就是相對於色素色的結構色。棲息於中南美熱帶雨林的閃蝶，依觀看角度，翅膀的顏色會由藍色變為紫色，因而有「活寶石」之稱。翅膀的內側為樸素的茶色，翅膀收起來時毫不顯眼，但展翅飛翔時，茶色與鮮豔的藍色交相輝映，有如藍色的光閃爍不定。

　　閃蝶的翅膀表面密布排列著 0.1 mm 左右的鱗粉，上面有無數的細紋，每條細紋之間相隔 200nm，如棚架般的構造物井然有序地排列著（**圖 2-32**）。其間隔剛好為藍光波長的一半，因為干擾，僅藍色的光會反射。有一種與閃蝶一樣具有豔麗色彩，且頗有人氣的昆蟲，就是吉丁蟲。吉丁蟲的金屬光澤也是結構色，但與閃蝶迴異，其外皮為多層結構。外皮由透明的薄膜約 20 層重疊構成，光通過這皮層時所產生的特殊反射，會發出鮮豔的光澤。色素會隨著時間經過，被紫外線分解而褪色，但結構色不會褪色。除了閃蝶及吉丁蟲以外，大紫蛺蝶、彩虹鍬形蟲、金綠寬盾蝽、上海青蜂（刺蛾繭的寄生蜂）等的結構色均相當有名，但反射的光為藍、綠、紅等顏色不一。有人認為，這是用於對同類的訊號及逃離捕食者時的護身。

　　近年有關虹彩吉丁蟲的研究方面，不斷獲知其依結構色所形成的體色具有通知夥伴的功能。棲息於東南亞熱帶的鳥翼蝶翅膀也會發出漂亮的翡翠綠，但這是結構色中藍色與黃色色素的混合色。

圖 2-32 閃蝶翅膀表面的構造

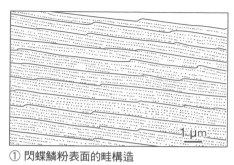

① 閃蝶鱗粉表面的畦構造

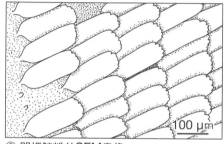

② 閃蝶鱗粉的SEM畫像

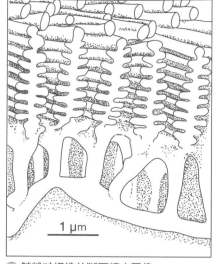

③ 鱗粉畦構造的斷面擴大圖像

（參考石田、下村 2011 製圖）

昆蟲的飛翔

進出空中與綿延昌盛

　　昆蟲最大的進化可說是發明了一對可飛翔的翅膀，而且進化成
極為多樣的型態（**圖 3-1**）。進出陸地的昆蟲並不是一開始就會飛
行。一如前述，最初只是一群稱為無翅昆蟲的族群，因此，牠們一
定是在地上及植物上爬行覓食、尋找交配對象，以及為躲避捕食者
而隱藏、奔跑或逃走等。不過，其移動的速度仍然有限，無法走得
很遠。

　　飛行的好處是什麼呢？藉由飛行可有效率地搜尋食物及異性，

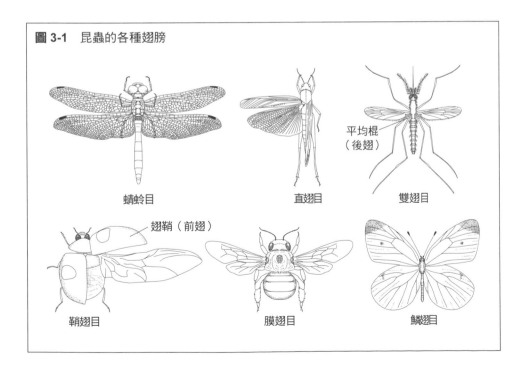

圖 3-1 昆蟲的各種翅膀

蜻蛉目　　　　　直翅目　　　　平均棍（後翅）　雙翅目

翅鞘（前翅）

鞘翅目　　　　　膜翅目　　　　　鱗翅目

這是無比重要的事。此外，也可擴大四處搜尋新棲息場所的範圍，讓移動及分散的行動快速發達起來。不過，可逃避捕食者被認為是最大的好處。剛登上陸地的昆蟲類一開始並沒有捕食者。牠們度過了一段沒有捕食者的悠閒時光。不過，陸地上也開始出現了捕食者。首先出現的是兩棲類，時至今日，成蛙依然是昆蟲的捕食者。由兩棲類進化成爬蟲類的蜥蜴及變色龍，昆蟲仍是牠們的最愛。由爬蟲類進化成哺乳類最初為：如刺蝟的單孔目、負鼠的有袋目、鼴的食蟲目，昆蟲也是牠們最喜歡的食物。食蟲目進而以我們靈長目為首，往現存各種目位階的哺乳類進行適應輻射。就如黑猩猩這種類人猿也喜食白蟻等昆蟲。總之，脊椎動物決定以陸地上資源非常豐富的昆蟲為食物進行進化。對於昆蟲而言，被捕食的壓力之大不難想像。因此，昆蟲面對在地上徘徊的捕食者，於是設法逃往空中這種最安全的場所，也就是說，牠們發明了可飛行的翅膀。在鳥類及蝙蝠類等會飛翔的群體出現之前，昆蟲類就已經可開始藉由飛行來逃避捕食者了。

3.1 翅膀的發明

自寒武紀起經約二億年，到石炭紀時，昆蟲進行顯著的適應輻射。因為在石炭紀的地層首次發現了非常大量的昆蟲化石。據推測，昆蟲在石炭紀顯著的適應輻射，與昆蟲發明翅膀可開始飛翔，兩者之間關係密切。那麼，為何在這時期進行飛翔這種劃時代性的進化呢？據認為，這與石炭紀空氣中氧氣濃度大幅上升有很大的關係。為了飛翔必須激烈的拍動翅膀，但拍動翅膀的是飛行肌。而為使飛行肌的代謝旺盛，勢必需要大量氧氣。昆蟲所具有的開放式循環系統（open vascular system）屬於容易吸取氧氣的系統，這對於飛翔活動也非常有利。這時期出現了翅膀展開長達 70 cm 的巨型蜻

蜓，例如：巨脈蜻蜓，牠能夠飛行也是因為空氣中氧氣濃度很高的緣故。氧氣濃度高就是對已經存在的氣體加入多餘的氧氣，因此，在總體上大氣密度也增加了。昆蟲飛行時，將翅膀上下拍動，利用空氣的黏滯力，獲得了浮力與推動力。對於小型昆蟲而言，空氣的黏滯力非常高，就像我們在水中游泳一般。大氣密度一變高，就會反映出空氣等的流體之黏滯力，所謂的雷諾數（Reynolds number）就會增大而容易浮起。這也一定會促使昆蟲的飛翔發達。不過，依前述科學雜誌的最新論文指出，推測昆蟲的飛翔起源可上溯至泥盆紀之初（約 4 億 600 萬年前），因此，有關昆蟲飛翔的進化必須進行新的考察。

昆蟲大規模地進出空中是在之後的白堊紀。據瞭解這時期空氣中的氧氣濃度依然很高。這時期不僅是昆蟲，翼龍及鳥類的祖先也進化到具有飛行能力，可進出空中。像這樣由無脊椎動物至脊椎動物的各種動物群，飛翔性的進化同時發生絕非偶然。為使飛行肌活化代謝而具有功能，或為了容易在空中浮起，不論是何種情形，空氣中氧氣濃度的上升都是必要的。

那麼，昆蟲的翅膀是由什麼形成的呢？關於這問題自古以來眾說紛紜。由解剖學觀察鳥類及蝙蝠的翅膀，獲知翅膀與指頭的骨骼非常相似，是由前足演化而來的。另一方面，關於昆蟲翅膀的起源，曾有一強有力的說法認為，翅膀是由位於胸部旁皮膚往外側發展而成，這原本不是為了飛行，而是藉由擴展體表來調節體溫之用。不過，近年來認為翅膀是由附肢的一部分所產生，這種說法已愈來愈有說服力。這種附肢變形說認為，相當於昆蟲之祖先的甲殼類，其雙肢型附屬肢中的一部分，移至身體上部後才形成翅膀（**圖 3-2**）。甲殼類附肢的一部分，原本做為氣管鰓在水中用來取入氧氣，具有呼吸之功能，因此，也可說翅膀是鰓所演化而成的。已經滅絕的原始水生昆蟲，其幼蟲體節全部成列並排著，從長有鰓狀的

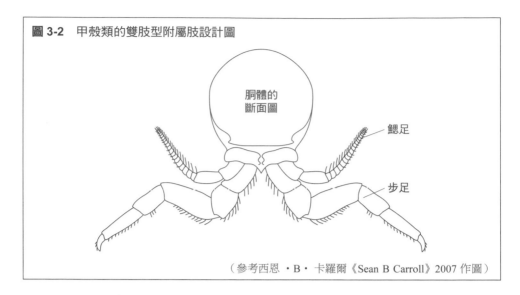

圖 3-2　甲殼類的雙肢型附屬肢設計圖

胴體的
斷面圖

鰓足

步足

（參考西恩・B・卡羅爾《Sean B Carroll》2007 作圖）

附肢（蜉蝣幼蟲可看到），歷經附肢減少、大小也縮小的構造，以迄現今，幾乎所有的昆蟲均已進化成 2 對翅膀。原始水生昆蟲幼蟲時代的氣管鰓，是一種擺動的突出狀物（**圖 3-3**）。這種突出狀物即使離開水面後，仍然殘留著不會退化，一被風吹動，既輕又小的昆蟲就會在空中滑翔，因而被認為這是飛翔的起源。即使只是這樣，對於逃離不會飛的捕食者仍是非常有效的方法。

在實驗室以果蠅實驗發現，理應是 2 片的翅膀卻變成 4 片翅膀，是一種變異型，因而被稱為雙胸果蠅。在其他的變異體方面，理應沒有翅膀與平均棍的第一體節，卻形成第 3 個翅膀。由化石的證據來看，起初的有翅昆蟲長有很多翅膀，或許是長在胸部與腹部的分節（**參閱圖 3-3**）。這是一種橫跨體軸全體的翅膀重複形式。因此，上述果蠅的變異體可說是進化的遺痕。胸部分節僅剩 2 個翅膀的現存昆蟲，是由祖型（ancestral form）歷經二次的退化後形成的。也就是說，據認為是利用同源異形盒（homeobox）基因來抑制翅膀的發達，減少了翅膀數量。

昆蟲之中最先發明翅膀的群體，是蜉蝣與蜻蜓的同類，稱為古

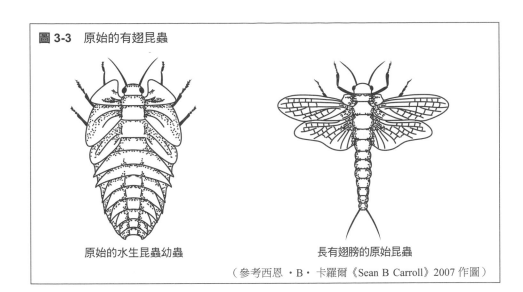

圖 3-3　原始的有翅昆蟲

原始的水生昆蟲幼蟲　　　　　長有翅膀的原始昆蟲

（參考西恩・B・卡羅爾《Sean B Carroll》2007 作圖）

翅類。這些昆蟲的特徵就是幼蟲均為水生。

3.2　飛行肌的發達

　　翅膀的發明具有劃時代性，但滑翔機式的滑空飛行，移動距離有限，而且也無法如願自由地四處飛翔。因而也躲不過在空中飛行的鳥類及蝙蝠等強大捕食者。若能使拍動翅膀的肌肉發達的話，飛行一定可以遠比滑翔飛行還要更快速且具有效率。因此，如果以飛機來說，昆蟲需要變發達的，是相當於引擎的飛行肌。如前文 2.2.2 所述，昆蟲的飛翔系統有直接飛行肌帶動型態與間接飛行肌帶動型態兩種。

　　一如前文所述，雖說是飛翔行動，但起初也是藉由風吹，才能輕飄飄地飛往空中的程度，或只能在樹木之間像滑翔機一般滑翔。即使如此，若與降落在地上後要步行到其他樹木相較，可大幅節省能量且可避免危險，是無庸置疑的。

　　飛翔時因使用飛行肌，每單位時間的能量消耗非常大。以綠頭

蒼蠅為例，據說飛行時消耗的能量是靜止時的 30～100 倍。這種飛行能量也比步行能量還大。不過，藉由飛行可大幅縮短移動時間，其每單位時間的消耗能量乘以移動時間而得的總消耗能量，消耗不多就可達成。因不需以步行通過捕食者眾多的地上即可完成，相對的也可減少移動中死亡的風險。飛行的另一好處是，移動時間短，可減少自身暴露在被捕食時間。由以上可知，以飛翔來移動的好處實在不勝枚舉。

省能量對所有的生物而言，是無比重要的課題。人類進化到以雙腳走路也是如此。因東非大裂谷氣候乾燥化，本來的棲息地森林被分裂開來，人類必須在遼闊的範圍中邊行進邊狩獵。這時，在移動方式上，比起黑猩猩等的類人猿用四隻腳步行，用雙腳步行的能量效率顯然遠較黑猩猩高。有個強而有力的說法認為，以雙腳步行起於在熱帶雨林生活的時候，不過，以雙腳步行之後的進化上，為獲取食物或狩獵維生，不得不長距離移動，似乎確實是由於發生乾燥化這種棲息地的重大變化。不論是昆蟲或是人類這種脊椎動物，在移動的行動方面，最重要的是能量效率的問題。

3.3 二次飛翔性的喪失

可以飛翔後，除可逃避天敵外，不僅是食物及配偶的搜尋，對於開拓新的棲息場所等非日常生活方面也變得極具效率。這種飛行性的好處，是引導昆蟲進行顯著的適應輻射。而同樣的情形，也發生在獲得飛翔功能的鳥類及蝙蝠類身上。牠們物種的多樣性在各自的群體中出類拔萃。恐龍子孫的鳥類約達 9000 種，因獲得飛翔功能而繁衍旺盛。另一方面，蝙蝠也存在著約 1000 種，哺乳類全部約 4800 種，蝙蝠就佔約 20％。

動物分散在地球上的各種棲息場所，在進行物種分化上，這些

事實道出了獲得飛翔功能是何等重要。飛翔的適應意義，在生物上超越了系統而成為普遍性。

3.3.1 無法飛行的昆蟲

令人感到不可思議的是，具有飛行能力理應是有利的，但選擇再次放棄的昆蟲也為數不少。在目的位階中，不乏不會飛的種。此外，依目的位階不同，這種不會飛的種之比率顯著地高。毛蝨目、蝨毛目、蚤目的種均已失去飛行能力。什麼原因呢？據推測，因這些全都是寄生於動物的昆蟲，在日常生活上並無飛行的必要，而且即使是寄主個體間的移動，也可搭寄主的「便車」進行移動。與蠹魚這種原本就沒翅的原始昆蟲不同，毛蝨及蚤失去了牠們祖先原本具有的翅膀。

自由生活的昆蟲之中，只有蛩蠊是100%不會飛翔。相反的，蜉蝣目及蜻蛉目等古翅類中，所有的物種均會飛行。因此，曾經一度進化的飛翔功能，儘管程度有別，但再次喪失飛行功能的種類為數頗多，如椿象類及鞘翅類等新生翅群（**圖1-3**）。

3.3.2 飛行的代價

再次喪失飛行能力的昆蟲種類繁多，而且這種進化在各種昆蟲目上為單獨發生，這具有什麼意義呢？那就是飛行能力具有很多好處的同時，也意味得伴隨著付出重大的代價或成本。

如前文所述，昆蟲為了能夠飛行，必須具有翅膀及飛行肌。形成飛行肌並加以維持，需付出很高的能量成本（energy cost）。一般而言，飛行肌佔昆蟲體重的10～20%。此外，飛行肌在形成上不僅需花費成本，為加以維持及使飛行肌具有功能，必須要有很高的代謝活動（metabolic activity）。在人類方面，年輕人大多不會發

福，其原因就是肌肉的基礎代謝活絡之故。還有，飛行所需的燃料如脂質、碳水化合物、胺基酸（依昆蟲及飛翔的種類，使用的燃料各有不同）的生物合成也需要很大的能量。飛行肌乃是一種需要大量燃料的代謝引擎。

不論何種生物，其所擁有的能量都是有限的。因此，飛行與其他活動之間必須進行取捨，因其會產生拮抗關係。意即，如欲使飛行器官發達，進行飛翔活動的話，對於產卵數等繁殖會產生不良影響。例如，蚜蟲總科分為長有翅膀的有翅型與無翅的無翅型（**圖 3-4**）。有翅型方面，其生殖腺減少約 20％而為人所熟知。有關這種取捨方面，曾使用同種內具有飛翔型與非飛翔型的翅多態型昆蟲進行詳細研究。其結果顯示，有翅型及長翅型等飛翔型，與無翅型及短翅型等非飛翔型相較，前者較慢開始繁殖，且產卵數量也不多。

如上所述，飛翔確實需要付出相當大的成本，即使如此，只要其利益超過成本，飛翔功能就會進化。不過，相反地，搜尋食物及交配等日常生活中，無飛行必要的物種，或棲息場所為永續性、遷

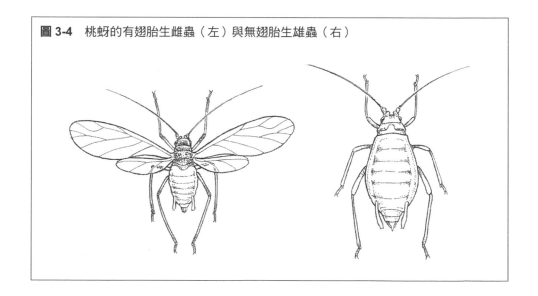

圖 3-4　桃蚜的有翅胎生雌蟲（左）與無翅胎生雄蟲（右）

徙的必要性較少的物種等，若保有飛翔器官需花費能量成本，且在產卵數的減少等繁殖上會造成不利，這種基因型就會被淘汰。

3.3.3　昆蟲在什麼環境不會飛呢

　　一般容易使昆蟲飛翔功能退化的環境如下：永續、遷徙必要性低的環境如森林及大湖泊；被隔離的環境如島或洞窟；高緯度或高海拔氣溫低，或如沙漠般極度乾燥，不適宜飛行的環境；石塊或傾倒的樹木下及土中等空間狹窄，不利翅膀活動的環境；搜尋食物及交配等日常生活上無飛行必要的環境等（**圖 3-5**）。工蟻翅膀會退化，其原因就是在地中生活，翅膀會造成妨礙之故。但螞蟻並未喪失生長翅膀的潛能。其證據就是，與工蟻基因相同的蟻后為婚飛時會長出翅膀。蟻后交配後，在地中洞穴過新生活時，首先就是讓翅膀脫落。在地中生活，翅膀不但無用且會礙手礙腳。

　　與昆蟲一樣，另一個空中征服者就是鳥類。特別小型的鳥類可用較低的成本獲得飛翔能力，並獲得各種利益。這種鳥類在遼闊範圍四處覓食，可善用森林等立體棲息環境，擺脫地上捕食者及競爭者、進行季節遷徙以及避免遭遇各種突發災害。

　　與昆蟲一樣，鳥類也有不會飛的物種。以沖繩秧雞等紋秧雞為首，已知現存所有不會飛的鳥類，牠們的祖先都曾經會飛行。因此，可說這些鳥類，並非一開始就不會飛，而是後來才喪失飛行能力。不會飛的鳥類也有棲息於陸地者，如鴕鳥及鴯鶓等，但大多棲息於海島。其進化的主要因素，是在島嶼中沒有哺乳類等有力的捕食者。若無捕食者的話，就沒必要靠飛行逃走。

　　陸生哺乳類在遷徙分散能力上受到很大的制約，因所謂代謝引擎的「油耗」很差。即便是自己游泳抑或是乘著流木等進行遷徙，若缺乏淡水及食物的話，在短時間內就會死亡。其結果就是，因哺乳類無法移居的大洋島非常多，使得棲息在這些島上的鳥進化成非

圖 3-5 昆蟲容易喪失飛行能力的環境

高山

森林

大湖

沙漠

島

洞窟

石塊及傾倒的樹木下

飛翔化。紐西蘭並無大型的肉食獸類，是典型的這種島嶼，不會飛的鳥類高達 16 種。因人類狩獵造成滅絕的渡渡鳥，正是象徵性的存在，而連鴞鸚鵡這種不會飛的鸚鵡也還存在著，令人驚訝。奇異鳥以不會飛而出名，雌鳥比雄鳥還大，所產的蛋重達 400g，因放棄飛行才有可能產下巨蛋。總之，牠們在進化的過程中，並未有過遭到哺乳類等捕食者威脅的經驗。

不過，沒有哺乳類的捕食者只不過是必要條件而已。在大洋島會飛的鳥仍然很多。在充分條件上，島嶼這種環境缺乏食物等的必要資源。在這種環境下，鳥類對於飛翔所花費的能量需加以節省，以提高適應程度。可能做到的方式就是放棄飛翔。也就是說，藉由減少胸部的肌肉及降低基礎代謝率來達到節省能量的目的。

如上述，昆蟲與鳥類這兩種截然不同的動物，演化分支發生非本質的喪失飛翔功能，其進化的背景被認為是同樣的原理作用。藉由對不需要的器官調整結構，進行能量的重分配，除可提高適應程度外，也可增加活動效能。

這種調整結構的案例，並不限於昆蟲及鳥類，在生物界也廣泛可見。蛇使四肢都退化。洞穴動物大多使色素消失，眼睛也退化了。所有的鳥類均失去牙齒。某些哺乳類如裸鼴鼠及人類失去體毛。退化的器官及性狀即使不同，但仍以同樣的原理在運作。

3.3.4 飛翔功能的放棄與幼態延續

且說昆蟲只有成蟲才有翅膀。蝶類等完全變態之昆蟲無庸贅言，蚱蜢等不完全變態的昆蟲幼蟲也沒長翅膀。也就是說，長有翅膀意味已變為成蟲。因此，雖然是成蟲，但失去翅膀的昆蟲是以幼態的形狀長大成熟。因此，可認為這是幼態延續（neoteny）的一種。

昆蟲具有一種稱為青春激素（juvenile hormone）的重要賀爾蒙。這種賀爾蒙被認為具有維持幼蟲性狀的功能，所以人們認為它可能阻礙翅膀的發展。事實上，目前已獲知，翅多態型昆蟲在翅膀形成時期，其青春激素在體液中濃度若很高，就會形成無翅型或短翅型。由此事實來看，昆蟲的非飛翔化也可視為幼態延續。

幼態延續現象為各種動物各自單獨進化的重要生物特性。山椒魚以其幼態延續而著名。墨西哥鈍口螈成體仍保持幼蟲特性的外

鰓，眾所周知這種成體被稱為 Wooper Looper。陸封型的鮭鱒成魚保留著幼魚特徵的幼鮭斑（parr-mark）（體側有小型斑點）。由野狼家畜化的狗保持幼兒時期的體型，而由野豬家畜化而成的豬隻幾乎都失去了長毛。人類的進化若抽去幼態延續的概念是無法說明的。在人類方面，由頭部很大的幼兒體型及喪失體毛來看，也可顯示出，幼兒期許多特徵仍保留到成人期。這也是造成到性成熟前這段期間之延長，或延遲生長，腦部至青年期的漫長期間仍一直持續發達。幼態延續的結果，便產生出「高度文化」這一種適應上的巨大優勢。

昆蟲的環境適應

對地球環境的挑戰

第 **4** 章

除了深海外，昆蟲棲息於地球的各個角落（**圖4-1**）。零下65℃以下的南極棲息著彈尾蟲，也有僅棲息於冰河的雪溪石蠅；反之，40℃以上的土地也有彈尾蟲、搖蚊及水蠅等昆蟲棲息著。在非洲乾燥的沙漠中有嗜眠搖蚊棲息；在海水的水面上有海黽（Halobates）及海黽蝽（Asclepios shiranui）棲息著；淺海水中有海生搖蚊。在鹽田有大角隱翅蟲；油田有汀蠅；甚至連會放出有毒氣體的硫磺孔也有虎甲及搖蚊的同類棲息著。昆蟲在極端特殊的環境也可適應。

昆蟲原本誕生於高溫濕潤的熱帶，不久，隨著進出高緯度及高海拔等更寒冷地區，適應了當地的氣候。此外，牠們也進出沙漠等乾燥地帶。因此，本章就典型的環境適應——氣候的適應加以描述。

4.1 休眠

昆蟲在生存、生長，或進行繁殖上也有不適宜的季節。例如，溫帶及亞寒帶的冬天就不適宜；反之，太熱的夏季也會發生高溫障礙，導致食用植物枯萎，因而也是不適合生長及繁殖的季節。在有乾季及雨季的熱帶，乾季時食用植物會枯萎，是個不受歡迎的季節。昆蟲為度過這種不適合生存及繁殖的季節，進化出各種戰略及戰術。其代表就是休眠。

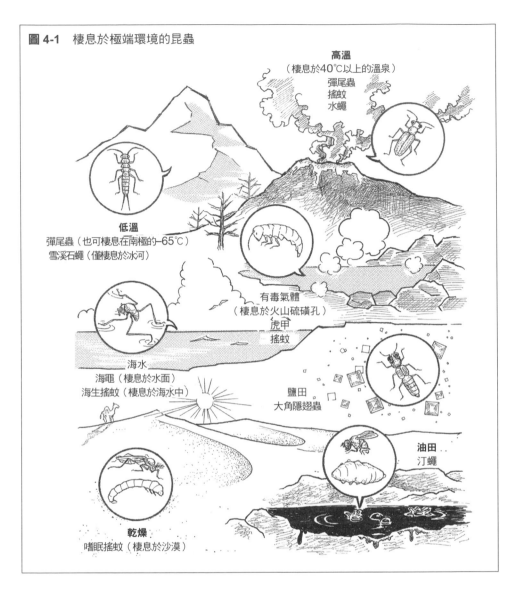

圖 4-1　棲息於極端環境的昆蟲

高溫
（棲息於40℃以上的溫泉）
彈尾蟲
搖蚊
水蠅

低溫
彈尾蟲（也可棲息在南極的−65℃）
雪溪石蠅（僅棲息於冰河）

有毒氣體
（棲息於火山硫磺孔）
虎甲
搖蚊

海水
海黽（棲息於水面）
海生搖蚊（棲息於海水中）

鹽田
大角隱翅蟲

油田
汀蠅

乾燥
嗜眠搖蚊（棲息於沙漠）

　　所謂的休眠，就是透過腦所分泌的神經激素，將代謝活動降低，一進入休眠狀態，型態發生（morphogenesis）就會變得不活躍，對於寒冷等極端的環境條件之抵抗力增強，行動變遲鈍。由於休眠導致代謝活動降低，直至適合的季節到來之前，需採取保存能量的對策。昆蟲依種類以各種階段進行休眠，但大致可分成兩種類型。

首先，由遺傳所決定，在特定生長階段休眠之類型。其階段及模式依物種而異，因對某些環境刺激產生反應，讓昆蟲預測到不適宜季節到來後所引發之休眠。此稱為外因性休眠或非必需性休眠。這是昆蟲類最普通的休眠。例如，溫帶及亞寒帶的冬眠大多是秋天日照時間短所引發（**圖 4-2**）。日照變短表示冬天即將到來，對日照變化進行反應後因而進入休眠狀態。與溫度等容易變動的環境因素不同，日照長度依每年的季節而固定不變，這是最可信賴的季節信號。休眠率剛好達到 50％的日照長度稱為臨界日長。

另一類型為不論環境條件如何變化，全賴遺傳決定，在生長階段一定會進入休眠狀態。這是一年只完成一個世代的一化性昆蟲所特有的休眠方式，此稱為內因性休眠或必需性休眠。例如，岐阜蝶（日本虎鳳蝶）的成蟲僅在早春至初夏的有限季節出現。由於這種習性而被稱為春之女神（Spring ephemeral），其幼蟲在夏季蛹化，以休眠狀態越冬後，至翌春才羽化。

處於溫帶與熱帶之狹間地帶的亞熱帶，昆蟲在此地帶的季節適應非常獨特，例如，棲息於沖繩等亞熱帶的甘蔗害蟲小翅椿象的卵

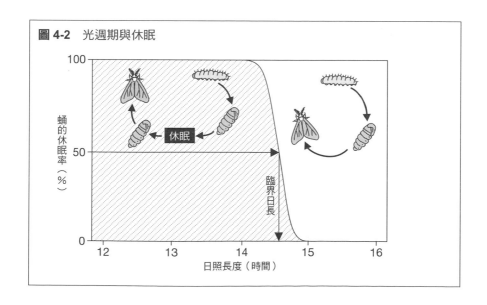

圖 4-2　光週期與休眠

蛹的休眠率（％）

100

50

0

休眠

臨界日長

12　　13　　14　　15　　16

日照長度（時間）

休眠後越冬。不過，休眠深度會有大的個體變異，此外，變高溫時便會打破休眠。沖繩等亞熱帶的冬天氣候變化無常，某一年天氣忽然暖到可以游泳的程度，某一年又忽然冷到要穿大衣的程度。因此，小翅椿象的卵在暖冬可生長的時候就停止休眠，開始生長，若沒停止的話，就一直休眠到春天。也就是說，這種椿象是進行機會主義休眠。稱為南斑鈴的蟋蟀同類，其休眠卵也具有同樣的性質。這種性質被認為是在接近生長極限時，對氣溫呈現不規則變動的亞熱帶冬天特有的一種分散風險（Bet hedging）策略。昆蟲對於亞熱帶這種變化無常的氣候，進化成具有彈性的季節適應。

棲息在炎熱的熱帶、有雨季與乾季之季節性地方的昆蟲，在乾季時有的也會進行休眠。因為在乾季時昆蟲吃的植物會枯萎，是個不適合生長的季節。

熊與日本睡鼠等哺乳類也會冬眠，這種冬眠被定義為「因應寒冷環境的低代謝狀態」。例如，花栗鼠在冬眠中的體溫由37℃降至5℃，心跳率由每分鐘400下降至10下。冬眠是藉由抑制代謝，在冬季節省能量的對策。以這種意義來說，可說與昆蟲一樣。不過，現存哺乳類4800種中，冬眠進化的種類僅約200種。與在溫帶及亞寒帶，幾乎所有的種類都獲得休眠性的昆蟲相較，由進化的普遍性來看，兩者的情況截然不同。哺乳類中進行冬眠的種類幾乎都是小型的翼手目（蝙蝠的同類）及齧齒目松鼠科。大型種類中僅有一部分的熊類會冬眠。由此顯示出，即使是恆溫動物，就算小型物種在冬天欲維持恆溫狀態也有其困難。昆蟲遠較哺乳類還要小型，而且原本就是變溫動物，為度過寒冷地帶的冬天，進化成具有休眠性可說是理所當然。

蝙蝠中，食蟲性的蝙蝠類進行冬眠的種類相當多，也有認為，這是因做為食物的昆蟲類在不飛翔的冬季停止活動，蝙蝠因而採取冬眠的方式對應。不僅是氣溫，是否可取得食物也是休眠進化的重

要因素，這在昆蟲類與哺乳類似乎是共通的。

4.2 耐寒性

　　源自熱帶的昆蟲為進出溫帶及寒帶等高緯度地帶，在季節的適應上不僅進化成具有休眠性，而且亦須具有耐寒性。

　　昆蟲的耐寒性大致可分為，即使凍結起來也可忍耐的耐凍型，與凍結就會死亡的非耐凍型兩種。即使是耐凍型昆蟲，若連細胞中都凍結的話也會死亡，因此，為了提高耐凍性，必須生成抗凍劑（甘油、海藻糖）的脂肪體與蓄積體液。其次，為防止細胞內凍結，細胞內的溶質濃度必須比細胞外（體液）還要提高。因此，透過細胞膜使細胞內的水溶出細胞外的同時，必須將蓄積在細胞外的凍結保護物質納入細胞內。當秋天溫度一變冷，就透過細胞膜上所生成的水孔蛋白（Aquaporin）物質，將特殊的凍結保護物質納入細胞內。如此即可提高細胞內的溶質濃度，防止細胞內凍結。非耐凍型昆蟲則盡可能降低凍結溫度，迴避凍結，熱帶性中許多昆蟲就是這類型。溫帶性昆蟲進入休眠前，首先將形成凍結核心的腸內內容物排泄掉，以降低凍結溫度。耐凍型昆蟲同樣將抗凍劑的甘油、海藻糖等蓄積在體內，使凍結溫度下降，以強化耐寒性。此外，已知休眠昆蟲一暴露在秋天的低溫時，就會蓄積抗凍劑。例如，稻作害蟲二化螟的休眠幼蟲，被暴露在低溫後就會蓄積抗凍劑的甘油，以提高耐寒性。非休眠的昆蟲即使曝露在低溫，也不會蓄積抗凍劑，亦不提高耐寒性。因此，休眠性與耐寒性在生理上可說是緊密結合在一起。

　　如上所述，昆蟲可說是藉由休眠性與耐寒性兩者都加以進化，安然度過溫帶及亞寒帶的寒冬。這是避開嚴酷季節的一種策略。

4.3 耐乾燥性

　　昆蟲不僅是耐寒性，也進化到耐乾燥性。將棲息場所從原本的水中遷徙到地上時，遭遇到的最大問題，就是如何保護身體避免乾燥。身體小的昆蟲表面積對體積的比例較大，水分因而容易蒸發，因此進化為用蠟覆蓋體表，以防止水分蒸發的方式。也有使用某種物質，使昆蟲進化成具有耐乾燥性的方法。嗜眠搖蚊這種搖蚊的同類棲息於非洲奈及利亞的半乾燥地帶。搖蚊在岩石凹處所形成的水窪處產卵，幼蟲就在此處生長。不過，由於是在乾燥地方，水窪容易乾枯，搖蚊幼蟲就會面臨生存危機。不過，這種搖蚊不會因而死掉，非常乾燥之後就會進入稱為「隱生現象（Cryptobiosis）」的無代謝之半永久休眠狀態（**圖4-3**）。之後一下雨，身體就會膨脹起來，再次開始生長。據說牠們處在這種乾燥狀態，即使長達 10 年也可生存。乾燥一開始，幼蟲就爆發式地合成一種稱為海藻糖的糖。這種海藻糖的特性被認為對乾眠休眠的維持很有貢獻。從熱帶到極地，或由深海底到高山，海洋、陸地水域及陸地上，棲息於地球每個角落的緩步動物水熊蟲，也擁有同樣的隱生現象而為人所熟知。

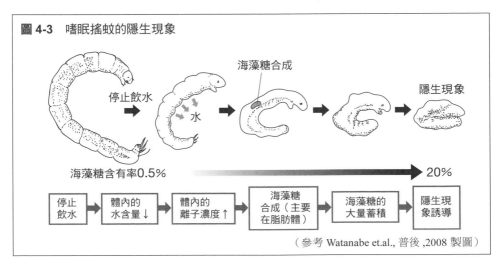

圖 4-3　嗜眠搖蚊的隱生現象

海藻糖合成

停止飲水　→　水　→　隱生現象

海藻糖含有率0.5%　→　20%

停止飲水	體內的水含量↓	體內的離子濃度↑	海藻糖合成（主要在脂肪體）	海藻糖的大量蓄積	隱生現象誘導

（參考 Watanabe et.al., 普後 ,2008 製圖）

4.4 遷徙分散

　　昆蟲的季節適應不只是利用休眠方式。休眠是利用睡眠，以時間來避開不適合生存之季節的一種策略，另外也有以空間進行迴避的策略。那就是遷徙。遷徙是所有生物最普遍的行動。鳥類的遷徙經常可見。海龜類會洄游大洋，鯨類也一樣。鰻魚及鮭魚的洄游也相當有名。即使是固著性的貝類，在其幼蟲時期也是以浮游動物的方式乘著海流進行洄游。即使是伸展著根，看似不動的樹木，其種子也是自己或藉由鳥類分散出去。

4.4.1 遷徙性的進化

　　依據演化生物學家威廉·漢米爾頓（William Donald Hamilton）與羅伯特-梅（R.May）以數理闡明了遷徙分散是一種進化穩定策略（假設群體中幾乎所有的個體均選擇進化穩定策略時，採用另外策略的少數個體，依自然選擇（天擇）的選擇效應，是不可能在這個群體擴大的一種策略）。為什麼呢？理由是以突變出現的分散基因型即使機率很低，但遷徙到其他棲息場所，在此處可能有繁殖的機會；相對地，非分散基因型僅停留在自己出生的棲息場所，因而完全沒有繁殖的機會。其結果，非分散基因型並未增加，不久就被分散基因型所取代。

　　此理論認為，棲息場所即使同質（Homogeneity），也設定遷徙分散性為進化；棲息場所為異質（Heterogeneity）時，遷徙分散性更容易發生進化。若繼續居住在品質不佳的棲息場所，哪天就滅絕了，而且在這種場所遷徙性容易發生進化之故。

　　做為季節適應的遷徙，由遷往附近越冬場所的小規模遷徙；像秋赤蜻從鄉下到山上，或從山上到鄉下的中規模遷徙（**圖4-4**）；

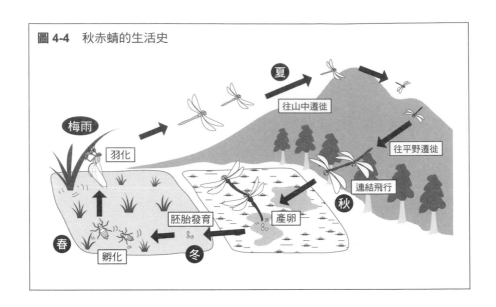

圖 4-4　秋赤蜻的生活史

以及像日本的大絹斑蝶，或如北美洲的君主斑蝶由 1000 ㎞往 3000 ㎞的大規模遷徙等各種遷徙。

　　這些大多是繁殖場所與越冬場所或越夏場所的往返遷徙。例如，君主斑蝶在夏天於五大湖周邊繁殖，羽化的成蟲於秋季遷往墨西哥山中等南方的越冬地區，春天時開始往北遷徙（**圖 4-5**）。在遷徙途中一面不斷產卵，其後代一面返回北方的繁殖地帶。在此處，牠們所食用稱為馬利筋的有毒植物已經長得很茂盛了。不過，不耐寒的牠們，因無法在嚴冬到來的高緯度地帶越冬，因而再次往南方遷徙。遷徙的方向則由與光週期結合的體內時鐘決定。其方位據認為是使用太陽羅盤及偏光定向。鳥類方面使用地磁氣做為指南針而廣為人知。昆蟲並非如此。總之，往返繁殖場所與越冬場所之間，君主斑蝶與鳥類的遷徙極為類似。

　　除了這種規律化的季節遷徙之外，也有與季節信號無關的大遷徙。沙漠蝗蟲在摩洛哥及突尼西亞等北非越冬後，於春天時南下，在撒哈拉沙漠南方邊界的薩赫爾（Sahel）（以現在的語言意思是綠色的邊緣）地帶進行繁殖。在這個地方夏天會下雨，草木因而長得

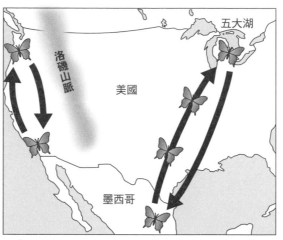

圖 4-5　君主斑蝶的遷徙路線例子

五大湖

洛磯山脈

美國

墨西哥

（參考 Urguhart and Urguhart,1997 製圖）

很茂密。在此處大量繁殖的結果，所生產長大的成蟲變身為適合於遷徙的型態（群居相《Phase gregaria》），形成龐大的群體後開始遷徙（**圖 4-6**）。

　　牠們不利用季節的信號，是因降雨時期及場所並不一定，以季節信號並無法預測之故。沙漠蝗蟲會遷徙的這種習性與棲息在稱為熱帶輻合帶（Intertropical Convergence Zone）的帶狀地帶有關。約略環繞地球一周的此地帶，因由南北方吹來的風堆積滯留，而形成上升氣流，導致容易下雨。不過，由於此地區會因季節及每年不同而會發生變動，雨並不一定下在同一場所，所以並不採取像休眠這種未來環境可以預測的「等待策略」，而是幼蟲感受到自己群體壯大起來的直接信號，因而產生遷徙型的成蟲羽化的這種臨機應變式進化。

　　同樣的情形也發生在日本的東亞飛蝗身上。在蝗蟲低密度的環境下，體色呈現綠色，但群體變高密度後就呈現黑色化，翅膀變長，且代謝也活潑化，很明顯地變成適合遷徙的型態以及生理特性。高密度時群居活躍地移動的型態稱為群居相；低密度時的非群

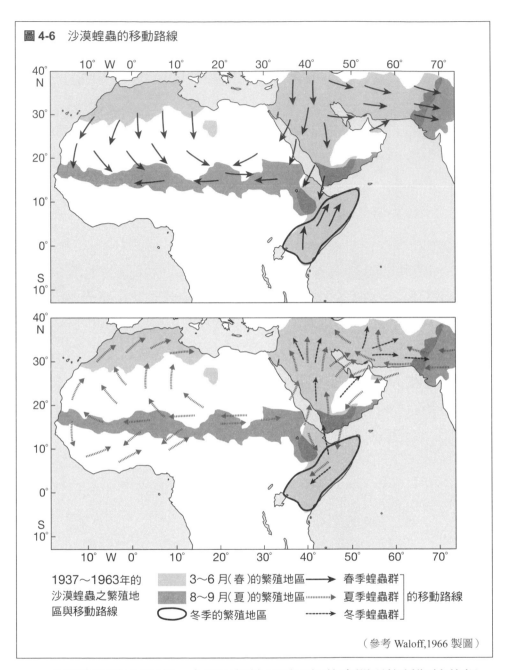

圖 4-6　沙漠蝗蟲的移動路線

1937～1963年的
沙漠蝗蟲之繁殖地
區與移動路線

▨ 3～6 月(春)的繁殖地區　——→　春季蝗蟲群
▨ 8～9 月(夏)的繁殖地區　┈┈┈▶　夏季蝗蟲群 ┃ 的移動路線
◯ 冬季的繁殖地區　- - - ▶　冬季蝗蟲群 ┘

（參考 Waloff,1966 製圖）

居型態稱為獨居相；由獨居相轉往群居相的中間型態稱為轉移相。

　　近年來，在沙漠蝗蟲的群居相中發現存在於體表與糞便中的數
種聚集費洛蒙（Aggregation pheromones）。有報告指出，這些數種

聚集費洛蒙不僅直接參與聚集化，且可使生長提早或延遲。此外，在體色的變異上，目前已知不僅是青春激素，身為肽激素（peptide hormone）之一種的黑化誘導神經肽（H. Corazonin）也介於其間。此外，近年來，有關沙漠蝗蟲伴隨著相變化（Phase variation），在體色變化上也有新的發現。若刺激牠的後肢附近，就可獲悉群居相的蝗蟲其體內的血清素量為獨居相的3倍。血清素是與人類憂鬱症有關的物質。過去認為蝗蟲的「相變」是累積了數個世代，而現在已證明是1個世代就完成了。

有關遷徙性的變化，也發生在棲息於熱帶輻合帶的薄翅蜻蜓。這種蜻蜓在八月的舊曆盂蘭盆會（中元）時節經常可看到，因而亦被稱為精靈蜻蜓，是一種日本人非常熟悉的蜻蜓。薄翅蜻蜓原為熱帶性的蜻蜓，牠輾轉遷移到雨後短暫形成的水窪生活，為確保這種生活樣式而進化成高遷徙性。遷徙的方向隨風而飄，乘著季節風，從東南亞移往日本居住。之後牠們並未進行回歸遷移，北上的成蟲在熱帶所遺留下來的後代後來全部滅絕了。

這種只買單程車票的移民，稱之為吹笛移民（Pied piper migrant）。Migrant為移民，Pied piper為「吹笛手」。在德國一個名叫哈默爾恩（Hameln）的村落鼠滿為患，經吹笛手吹起笛子，鼠群被笛聲誘至湖中淹死。事成後，村民違反諾言不付酬勞，吹笛手因而又吹起笛子，村中的孩子們聞聲隨行後被藏在山中。之後以此寓言稱呼只買單程車票的移民。

昆蟲時而繁殖，時而休眠，時而遷徙。這種昆蟲繁殖時程的進化是為因應棲息場所的特性而發生，而有所謂的棲息場所模型說（**圖 4-7**）。這是透過數種（通常兩個）重要參數，來說明在擁有不同組合條件的棲息場所下，昆蟲會選擇什麼樣的生活史。也就是說，棲息場所變成如模型那般，以與模型相稱的型式來決定昆蟲生活史是什麼模式，因而稱為棲息場所模型說。

為了進行繁殖，若現在的棲息場所良好且季節也適宜時，就立即進行繁殖，但如果場所良好，可是季節不

時間 空間	現況良好	未來良好
此處良好	繁殖	休眠後繁殖
他處良好	遷徙繁殖	遷徙、休眠後繁殖

圖 4-7　棲息場所模型說

（參考 South wood,1977 製圖）

適合的話，則進行休眠等待季節變好，這樣才有利。反之，季節良好，但場所不佳，則一定要遷往其他場所才有利。至於場所與季節都不好，就必須進行遷徙與休眠。這種說法淺顯易懂。

4.4.2 分散多型性

眾所周知，在昆蟲的物種內，飛翔能力會依個體而有顯著的不同。這種「影響飛翔能力的多型性」，稱為分散多型性。具有這種性質的昆蟲之相關研究，在闡明遷徙性的進化上相當重要。

昆蟲為了在其他棲息場所進行繁殖，進行移居飛翔時，至少必須通過這3階段：❶翅膀的發達、❷飛行肌的發達、❸飛翔行動的發達。有趣的是，這3種的任何一個，昆蟲物種內均存在著多型性。翅膀的發達程度之多型性稱為翅多型性；飛行肌的發達程度之多型性稱為飛行肌多型性；飛翔行動的水準程度之多型性稱為飛翔行動多型性。

◆翅多型性

翅多型性至少有鞘翅目、雙翅目、半翅目、膜翅目、直翅目、鱗翅目、纓翅目、齧蟲目及革翅目等9個目獨自進行進化，是一種非常普遍的性狀（指生物體可以遺傳的某種特色中的一種型態）。例如，蚜蟲類分成有翅型與無翅型；浮塵子類及椿象類分成長翅型

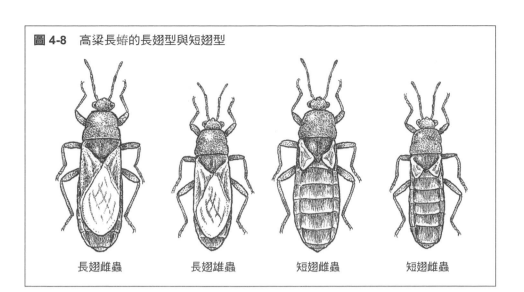

圖 4-8　高粱長蝽的長翅型與短翅型

| 長翅雌蟲 | 長翅雄蟲 | 短翅雌蟲 | 短翅雌蟲 |

與短翅型（**圖 4-8**）。各自的翅型為完全不連續時，特稱之為翅二型性（Two wing morphs）。翅多型性有遺傳的基礎，短翅有兩種情況，一是受優勢的 1 個基因座（gene locus）2 個等位基因（allelomorph）所支配（孟德爾遺傳），二是受多個基因座之等位基因所支配（多基因《Polygene》支配）。這兩種情況都是視賀爾蒙濃度的閾值反應結果，而決定其翅型（**圖 4-9**）。

　　目前已知一般短翅型的繁殖較早開始，且產卵數多。也就是說，雌蟲藉由短翅化來強化繁殖能力，獲得了適應上的優點。因此，在無需遷徙的穩定棲息環境，雌蟲短翅化較為有利。在雄蟲方面短翅化也有適應上的好處：交配開始的提早化（椿象類及浮塵子類）、為爭逐雌蟲的武器之發展（薊馬類）、鳴叫時間的延長（蟋蟀類）等。一般來說，遷徙與繁殖具有取捨關係，稱之為卵的形成－飛翔性狀群。

◆飛行肌多型性

　　雖長有正常的翅膀，但飛行肌多型性在飛行肌的發達程度上

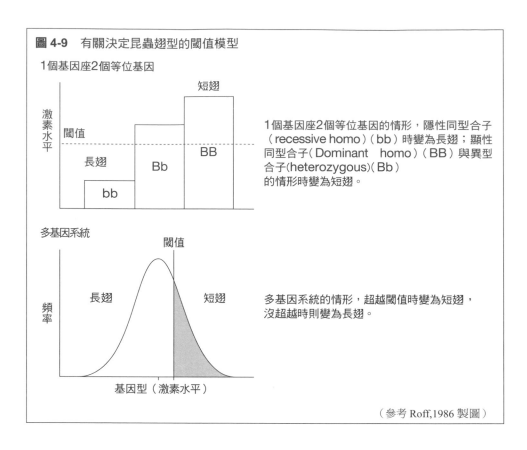

圖 4-9　有關決定昆蟲翅型的閾值模型

1個基因座2個等位基因

激素水平

閾值

短翅

BB

長翅

Bb

bb

1個基因座2個等位基因的情形，隱性同型合子（recessive homo）（bb）時變為長翅；顯性同型合子（Dominant　homo）（BB）與異型合子(heterozygous)（Bb）的情形時變為短翅。

多基因系統

閾值

頻率

長翅

短翅

基因型（激素水平）

多基因系統的情形，超越閾值時變為短翅，沒超越時則變為長翅。

（參考 Roff,1986 製圖）

仍有顯著不同，屬於水生昆蟲的水蟲科之昆蟲群體，自古便為人所熟知。此外，已確認如茶色長金龜般的金龜子類之雌性成蟲也有飛行肌二型性的存在。分為有肌型與無肌型，已知其遺傳系統為無肌型居優勢的單純孟德爾遺傳。此外，亦獲知無肌型方面的卵巢成熟較早。

◆飛翔行動多型性

　　飛翔行動多型性是在型態上不易判別的行動層次多型性，僅能由飛翔行動進行觀察判別。例如，四紋豆象有會飛的型與不會飛的型，就適用這飛翔行動多型性。不過，體型及翅長等型態上有若干的差異也是事實，不能說是純粹只有行動層次上的差異。

昆蟲的食性

無所不吃

昆蟲的食性分為植物性、肉食性、腐食性、雜食性等，其多樣化令人驚奇。所謂的雜食包括生物體的碎片、屍骸、排泄物及其分解物。這些食物的多樣性反應出各種口器的型態，一如之前所述。

沒有比昆蟲更為特殊化了，但鳥類也會發生同樣的情形。在加拉巴哥群島，雀類（finch）進出各種大島嶼，由於食性也發生了各式各樣的改變，導致物種分化，嘴的型態對應食性發生了變化。

5.1 植食性

昆蟲對於被子植物而言，不僅是作為花粉的媒介者，扮演受到歡迎的角色，另一方面昆蟲也是將植物做為食物的植食者（植物食用者），而與植物成為敵對的角色。有專吃植物葉子的食葉蟲、專吃果實的果實蟲、專吃種子的種子蟲、專吃花粉的花粉蟲、專吃花蜜的花蜜蟲及專吃根莖的根莖蟲等，依主要的攝食部位而有多樣的食性。植食性昆蟲的食物很多樣，但依多樣性的範圍，可分為單食性、寡食性及多食性等 3 種。以鱗翅目的昆蟲為例，艾雯絹蝶是只吃奇妙荷包牡丹（罌粟科）的單食性；吃花椒及栽培蜜柑類（蜜柑科）等的柑橘鳳蝶為寡食性；黃刺蛾以栗子（山毛櫸科）、柿子（柿樹科）、櫻花類及梅（薔薇科）、石榴（千屈菜科）等科為食，食物範圍廣泛，為多食性。但這種食性不僅是植食性昆蟲，狩

蜂類等的肉食性昆蟲可說也是如此。

　　相對於以植物為食物進化而成的昆蟲，植物也會與昆蟲相對抗，使防衛的戰略與戰術進化，這可說是一部軍備競賽（arms race）的歷史。例如，植物進化成在葉及莖上長有尖銳的棘、使葉子的表皮堅硬，或長有柔毛或絨毛，以防止被昆蟲啃食。植物的毛被稱為毛狀體，可阻止剛孵化的小毛蟲在葉子上活動。

　　此外，使葉子堅硬等，並不僅是物理上的防衛手段，也會使用某些有害物質以保護身體，避免受到昆蟲危害，此稱之為化學的防衛系統。化學的防衛系統依化學物質的性質分為質的防衛與量的防衛。質的防衛物質如十字花科植物的芥子油甙及楊柳科植物的水楊苷（Salicin），這些為即使少量也具有效果的有毒物質，可攪亂昆蟲的內分泌並阻礙其基礎代謝。另一個量的防衛手段是，如山毛櫸科等大多數的樹葉所含的單寧酸，與其說是毒物，不如說是一種大量吃下會引起消化不良及下痢的一種物質。

　　這種化學的防衛系統可分為平常就存在於植物組織內的恆常性防衛系統，與遭受蟲害後才產生防衛物質的誘導性防衛系統兩種（**圖 5-1**）。生物鹼這種有毒物質是對植食者發生直接作用的一種物質，但通常存在於植物的體內。那麼單寧酸又是如何呢？日本的山毛櫸森林每隔約 10 年就會出現 1 次山毛櫸青鯱蛾幼蟲大量發生的情形，但受到蟲害的山毛櫸葉子次年就會增加單寧酸的含量。翌年產生的單寧酸是因葉子受到蟲害所引發。食用這種葉子的幼蟲會發育不良，無法變為大成蟲。其結果，個體群密度降低，終止大量發生。利用螞蟻來擊退植食者，這種螞蟻與植物共生為間接防衛，其具

圖 5-1　植物的防衛機構之分類與例子

	直接	間接
恆常	生物鹼	螞蟻植物共生
誘導	單寧酸	SOS 揮發性物質

有讓螞蟻居住的一種構造，可說是恆常性防衛。所謂的SOS揮發性物質就是藉由讓植食者啃食葉子，再利用其唾液成分所引發產生的一種揮發性物質，因可引誘寄生蜂等天敵到來，可說是一種間接防衛（**圖 5-2**）。這不光只是「植物與植食者」、「植食者與天敵」這種營養階段不同的兩者間關係，也顯示出植物—植食者—天敵這三者在植物遭受蟲害時，會透過釋放化學物質而緊密地結合在一起，由群落生態學的觀點來看，極具重要意義。

依據許多研究報告指出，以這種間接效果來看，並不只是單純的植物與植食者之關係，也是生物間各種的相互作用。某種植食者損害植物後，會誘導植物產生防衛反應，其結果，接著出現的其他植食者也會發生生存率降低，或發育遲緩之情形。這是因受到損害的植物產生防衛物質，導致後來的植食者遭到損害之故。

也有相反的案例。癭（gall）（昆蟲把卵產在植物上，因而產生瘤狀。蟲癭）及捲葉（昆蟲的幼蟲捲起植物的葉子後住在裡面）等植食者所構築的構造物，成為其他捕食者做為避難所或食物資源。由於製造出新的資源，因而使其他生物受到影響的這種生物，

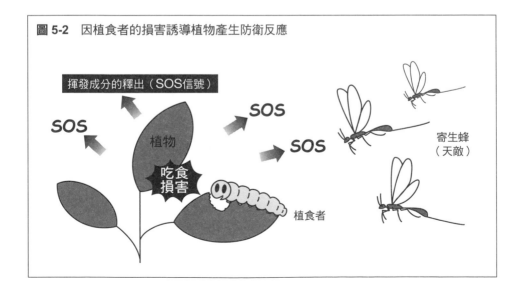

圖 5-2　因植食者的損害誘導植物產生防衛反應

揮發成分的釋出（SOS信號）

SOS

SOS

SOS

植物

吃食損害

植食者

寄生蜂（天敵）

稱為生態系統工程師（Ecosystem engineer）。

5.2 捕食性

　　所謂的捕食就是，某種生物（捕食者）捕捉其他生物（被食者）做為食物食用的一種行為。昆蟲中也有捕食者與被食者。由於捕食者捕獲被食者後加以殺害，被食者的個體數因而減少，這是捕食者的消費效果。不過即使未被直接殺害，光是有捕食者存在，被食者的行動、型態或生活史就會有所改變。某種蚜蟲發現草蛉等天敵存在於群體內時，就會生長成有翅型並遷徙。這是有捕食者時就具有影響被食者型態的一種效應。蚱蜢的同類只因有蜘蛛存在，為逃避捕食者，牠會減少攝食時間、隱藏或遷徙。其結果，因食物攝取不足，間接的阻礙生長，導致生存率下降，此稱為捕食者的非消費效應。

　　捕食行動分為：搜尋被食者後加以捕獲的狩獵行動，與埋伏等待被食者前來的埋伏行動。像前者這般採取搜索式的捕食行動，稱之為搜索型捕食者，以異色瓢蟲、獵蝽及蜻蜓為代表。即使是這種型態的捕食者，其中也有費盡心思、令人驚嘆的捕食者。獵蝽中有一種稱為黑脂獵蝽會將松脂等塗在自己身體表面。松樹中，獵蝽大多以蚜蟲等微小昆蟲為食物。其實最近獲知，由於有松脂的關係，食物的捕獲效率顯著地提高。用前足捕獲食物後，再利用黏糊糊的松脂，使食物難以逃走。如虎甲的成蟲般步行異常迅速，捕食者總會擁有身為獵人的擅長技藝。且說採取如後者這般的捕食行動，稱之為埋伏型捕食者。螳螂及薄翅蚜蛉幼蟲（蟻蛉）、在地面挖洞埋伏的虎甲之幼蟲、在取出樹汁的樹幹上挖洞埋伏的木蠹蛾幼蟲等，都是典型埋伏型捕食的種類。據觀察，即使是埋伏型捕食者，若長期間無法捕獲食物時，就會像螳螂那般改變埋伏場所，或如蟻蛉那

般將巢加大等，想方設法來捕獲獵物。棲息於洞窟的光茸蠅幼蟲（亦稱為土螢）會從高處垂下具有黏著性的細絲，且會發光。被光所吸引而來的昆蟲一碰到細絲就會被纏住，而被捕食。這是利用埋伏來提高捕食成功率的一種戰術。

　　熱帶的蘭花螳螂之同類體色為白底配上淡粉紅色。足也有類似花卉形狀的附屬物（**圖 5-3**）。因此，混入熱帶眾多的蘭花之中，小心翼翼地埋伏等待獵物到來後加以捕食。這種擬態的行為稱為攻擊性擬態。棲息於巴西草原的米搗蟲之幼蟲會發出綠光，用來引誘白蟻類及蟻類的羽蟻前來並加以捕食。此外，據說棲息於中美洲的黑脈螢屬的雌性螢火蟲會模仿其他雌蟲的發光方式，捕食誘引來的

圖 5-3　擬態為花朵的蘭花螳螂

雄蟲。這在廣義上也可說是攻擊性擬態。據說棲息於南美洲 Giana 森林水漥、脂鯉目的捕食魚類 Erythrinus erythrinus 擬態成青鱂目的 Rivulus agilae 之雌魚，對被吸引而來欲採取求愛行動的雄魚加以捕食。如上所述，不同的分類群，卻進化成同樣的攻擊性擬態，饒富趣味。

捕食的一方是如何捕獲獵物食用呢？這在捕食者的進化上非常重要，這點會同時在第 6 章敘述，如何促使被食者巧妙地進行對抗進化。

5.3 寄生性

某種生物吸取其他生物的血液及腸內營養物等資源，這種行為稱為寄生，被寄生的生物稱為宿主或寄主。寄生者如毛蝨類及蛔蟲，其生命週期的所有階段均與寄主關係密切，沒有寄主就無法存活。因此，寄生者不會殺害寄主。若殺害寄主的話等於同歸於盡，自己也會死掉。如毛蝨類寄生在寄主的體表者，稱為體外寄生者；像蛔蟲在寄主體內（小腸等）生活者，稱為體內寄生者。昆蟲的寄生者除了毛蝨類外，以蚤類較為有名，這些昆蟲由於搭乘獸類或鳥類的「便車」，因而失去了飛翔能力。

5.4 擬寄生性

寄生蜂及寄生蠅均寄生在昆蟲身上，但這並非真的寄生，而是稱為擬寄生。因為雖然寄生於寄主的昆蟲體內，但最後卻將宿主殺死。這種擬寄生性在昆蟲類進化的有膜翅目、鞘翅目、雙翅目、鱗翅目、脈翅目。特別是膜翅目約有 80％（7 萬種）為擬寄生性，因而被稱為寄生蜂。位居第二多的是雙翅目，約 15％（2 萬種）為擬

寄生性，因而被稱為寄生蠅。

擬寄生昆蟲大致上可分為兩大類：在寄主的外部產卵，孵化的幼蟲侵入寄主內部寄生者；將產卵管插入寄主的內部產卵，孵化的幼蟲飽食寄主內部身軀的體內寄生者。以體內寄生者的卵寄生蜂為例，擬寄生者的一生如下所述（**圖 5-4**）。首先，羽化後開始找尋寄生的對象—寄主。發現後就在寄主的卵上敲打，採取如用天線拍打寄主一般的行動，確認是否為寄主（**圖 5-5**）。確認完畢就用產卵管進行鑽孔，然後產卵。其後，為了向其他個體顯示是已經寄生的卵，會在卵表面以化學物質做記號。孵化的幼蟲將寄主的內部飽食一頓，最後殺死寄主，羽化脫離。

擬寄生昆蟲有兩種類型：單獨寄生在寄主身上的單寄生，與多數昆蟲寄生的群聚寄生（Gregarious Parasitism）。擬寄生昆蟲有寄生於植食者的一次寄生昆蟲，以及重寄生昆蟲。像再寄生於寄生者身上的二次寄生昆蟲，以及再次寄生其上的三次寄生昆蟲，便是所謂的重寄生昆蟲。

寄生蜂類的寄生策略，分為將寄主殺傷或使之永久麻痺後寄生

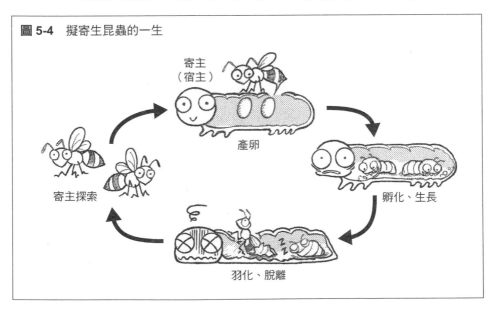

圖 5-4　擬寄生昆蟲的一生

寄主
（宿主）

產卵

寄主探索

孵化、生長

羽化、脫離

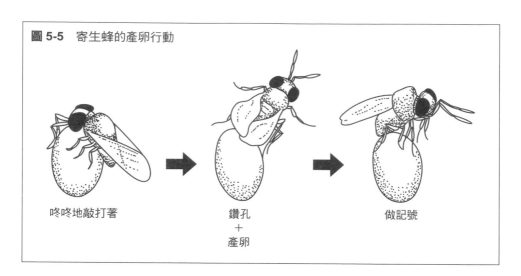

圖 5-5　寄生蜂的產卵行動

咚咚地敲打著　　　　鑽孔　　　　　做記號
　　　　　　　　　　+
　　　　　　　　　　產卵

的「抑性寄生（idiobiont）」，與讓寄主繼續活著的「共育寄生
（koinobiont）」兩種。在殺傷後不能動的寄主身上產卵，孵化後的
幼蟲從外部啃食寄主，這種寄生體外擬寄生蜂被認為是進化的主
流，「抑性寄生」因而被視為是較早期的寄生策略。不過，不能移
動的寄主容易被垃圾蟲等清道夫昆蟲捕食，因此，寄生蜂改以樹木
穿孔蟲類或潛葉蟲類這些居住在安全且有保護場所的昆蟲做為寄
主，加以利用。其後，寄生蜂寄生策略的進化走向，改採利用在植
物這類開闊場所上生活的大多數昆蟲做為寄主。像這種情形，被抑
性寄生的寄主會遭突然出現的清道夫昆蟲捕食，因此，出現了不殺
傷寄主，以注射毒液的方式讓寄主暫時麻痺，在這時候產卵在寄主
體表的群體。這就是「共育寄生」的體外擬寄生者。

　　寄生蜂為強勢的擬寄生者，在分類學上並無獨立單位。膜翅目
中，以錐尾亞目（Terebrantia）為主，全部約屬於 13 個上科，總計
相當於約 59 個科。據說一般寄生蜂的種數約占昆蟲全體種數的
20％，算是個龐大的群體。以物種而言約高達 20 萬種。寄生蜂幾
乎都以昆蟲為寄主（一部分寄生於蜘蛛及壁蝨），會依種類不同，
而決定要寄生的寄主範圍、生長階段，以及寄生部位。例如，依寄

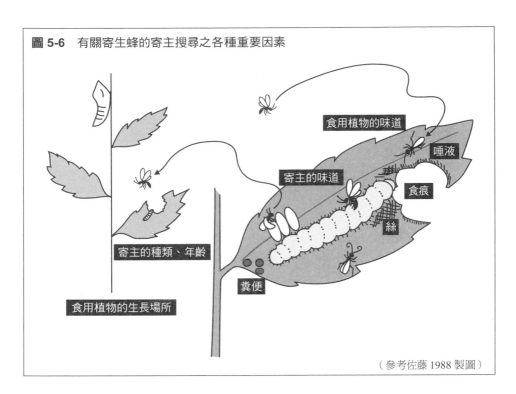

圖 5-6　有關寄生蜂的寄主搜尋之各種重要因素

食用植物的味道

唾液

寄主的味道

食痕

絲

寄主的種類、年齡

糞便

食用植物的生長場所

（參考佐藤 1988 製圖）

生的生長階段來區分，有卵寄生、幼蟲寄生、蛹寄生及成蟲寄生
等。

　　寄生蜂並非隨便找尋寄主，牠會依某些線索來定位寄主（圖
5-6）。以卵寄生蜂而言，目前已知牠會將親蟲所發出的性費洛蒙
及聚集費洛蒙做為開洛蒙（Kairomone）（對這種物質的轉化者會
引起有利的生理反應及行動之生理生態活性物質），用來尋找寄主
卵。例如，黑蜷卵跳小蜂（Ooencyrtus nezarae）以大豆細緣椿象的
雄性成蟲所發出的聚集費洛蒙做為線索，尋找大豆細緣椿象的卵。
另外亦已持續獲知，寄生蜂會以寄主植食者食用植物時發出的味道
為線索，找尋寄主的所在。受到蟲害的某種植物會釋放出揮發成分
來引誘捕食者的天敵。因為引誘來的天敵會攻擊植食者，植物因而
可減少受害。

5.5 菌食性

所謂的菌食是指食用菇類的子實體、孢子及菌絲，但有時也包括食用細菌。菌類為昆蟲的能量來源，其中包含營養豐富的海藻糖等，對包括昆蟲在內的節肢動物而言，是最喜愛的營養來源。例如，稱為尻黑大出尾蟲（Oxycnemus lewisi）的甲蟲同類之幼蟲食用白鬼筆類的子實體後會急速生長。一般取食子實體壽命短的菌類之蟲種，其幼蟲期間會縮短。

包括菌食性種類在內的昆蟲科數，在全世界認定超過 60 科，橫跨彈尾目、纓翅目、半翅目、鞘翅目、雙翅目及鱗翅目，無法與菌食性明確分開的昆蟲種類相當多。

5.6 吸血性

有一部分的昆蟲會吸食動物的血液。體外寄生性的跳蚤為人所熟知，而雌蚊為使卵巢成熟，會將喙刺入動物的皮膚中吸取血液。同樣會吸血的虻也家喻戶曉。動物的血液非常富有營養成分，為進行產卵，對於營養要求較高的雌蟲而言，會發生吸血性的進化乃是理所當然的事情。此外，有部分獵蝽的同類也會吸動物的血。

5.7 腐食性

在生態系維持上，物質的循環是不可少的。特別是分解有機物，改變成植物可利用的無機鹽類，扮演分解者角色的存在，更是不可或缺。在溫帶及亞寒帶的森林中，棲息於枯枝落葉層（litter layer）（掉落在地面上未分解的樹葉及動物的糞便堆積而成）的土

壤棲息性昆蟲（彈尾類等）在生態系維持上發揮了重要功能。在熱帶，各種白蟻類以分解者的身分表現活躍。

圖 5-7　神聖糞金龜

分類上比較接近蟑螂的白蟻類為木食性，幾乎不會以屍體遺骸或活的個體為食。此外，不僅木頭，牠也以草、樹枝、葉子、落葉、落枝及動物的糞便等各種物質為食物。也有會吃土壤，攝取其中腐食性物質的白蟻。木質素及纖維素等來自植物的有機物不易被分解，但白蟻類可將它們分解成營養素後再釋放至生態系。牠們的生物量（biomass）也很龐大，對於生態系的物質循環貢獻卓著。若沒有牠們，熱帶雨林肯定會崩毀。

有人認為，若沒有昆蟲這些無脊椎動物的話，自然界僅需20～30年，便會只剩下細菌、藻類以及單純的多細胞植物，可說是重回10億年前的地球。其最大的理由是，物質循環在生態系中無法順利進行。除了土壤昆蟲及白蟻等分解者以外，取食動物屍體的埋葬蟲，與以動物糞便為食物，扮演清道夫角色的糞金龜也相當多。在法布爾的《昆蟲記》中有名的神聖糞金龜（圖 5-7）也是糞金龜的同類。蒼蠅的幼蟲也是腐食性。在生態系中，要使物質產生循環，這些昆蟲所扮演的分解者角色同樣功不可沒。

昆蟲如何防衛天敵

第**6**章

逃避天敵的技巧

　　生物界的基本關係之一，為稱為食物鏈的「吃與被吃」的關係。不過，這種關係似乎並不是生物出現在地球之後才有的。依據最近的學說指出，距今 5 億 4300 萬年前就已出現這種關係。據說在這時期，多樣的動物一下子就全部出現了，此稱為寒武紀大爆發（Cambrian Explosion）。據英國倫敦自然史博物館的 A・派克指出，這與在寒武紀大爆發之前的一個時期，地球明亮之後才出現長有眼睛的動物有很密切的關係。

　　動物長有眼睛的優點毋庸贅敘。若是捕食者的話，可了解獵物的位置、大小及弱點等，提高狩獵效率。若是被捕食的一方，則能以視覺察知捕食者的攻擊，迅速逃離。由於眼睛的進化，於是產生「吃與被吃」的關係。為保住性命，在兩者之間因而展開了進化的軍備競賽。本章主要介紹被捕食者的防衛措施。

6.1　對捕食者的防衛

　　昆蟲在生態系的食物鏈中，並非完全處於捕食者的角色，牠也會被高一等位階的生物捕食。進出陸地的昆蟲，成為日後進化的脊椎動物所喜歡的食物，可能因而促使昆蟲形成翅膀飛往空中。不過，自從鳥類與蝙蝠類出現後，昆蟲飛往空中逃避也不一定有效了。特別是眼睛銳利的鳥類捕食者對昆蟲造成了極大的威脅。鳥類

在動物界中的勢力龐大，而且捕食昆蟲的鳥類極多。當然，也有以魚類為主要食物，所進化成的食魚性鳥類、哺乳類及爬蟲類，或以兩棲類為主要食物的肉食性鳥類，這些動物體型不斷地增長，其中也有如鴕鳥等極端大型化而進化成不會飛的鳥類。不過，成為壓倒性多數的，是一直維持小型，完全以昆蟲為食物的群體。即使是以種子為食的小鳥，在育雛期也會以昆蟲為食物餵食雛鳥。因此，鳥類可說是昆蟲最大的天敵。

另外，在地面上也有各種捕食者活躍地搜尋食物。爬蟲類如蜥蜴、兩棲類如蛙，以及肉食的昆蟲類及蜘蛛類等不計其數。其中蟻類為壓倒性的多數，其具有高度的社會性，對昆蟲等無脊椎動物造成威脅。即使是在水中或水面也並不安全，在這些地方有肉食性魚類及蠑螈等爬蟲類，以及如水螳螂等肉食性昆蟲類。

對於這些天敵，昆蟲進化出各種防衛手段。其防衛行動可分為被敵人攻擊之前，生物與生俱來所具備的一次防衛，以及被敵人攻擊之後所呈現的二次防衛。

為因應捕食者的行動，被食者的防衛可分為以下六個階段。

❶一碰到捕食者，被食者就對同種的其他個體及其他種類提出警告。❷一發現捕食者，就採取不動、隱蔽、使捕食者發生混亂的體色變化或動作等防衛行動。在隱蔽上包括使體色融入背景、分斷色（條紋保護色）、利用光影的倒影及利用視覺以外的感覺刺激等進行隱蔽。在二次防衛方面：❸捕食者一發現被食者，被食者就以具有警告色的部分身體做為信號警告敵人。❹捕食者開始靠近攻擊時，被食者趕快逃避、裝死，或以威嚇對抗。❺一旦被捕食者逮到，被食者也要採取溜之大吉的行動，或使身體變硬、豎起刺棘等物理性防衛；或噴出有毒物質的化學性防衛；或切斷自己身體的一部分逃走的自行切斷方式對抗。最後❻即使不幸被捕食者吃下後，也可採取對抗行為，引起捕食者嘔吐。

一次防衛與二次防衛的區分，依研究者不同而意見分歧，其具體案例介紹如下。

6.1.1 一次防衛

◆隱蔽與偽裝

鳥類為眼睛非常銳利的捕食者。為與背景顏色一致，地上徘徊性的昆蟲呈現出類似泥土顏色的樸素體色；在草上生活的蚱蜢體色於綠葉茂盛的季節為綠色，在葉子枯黃的秋天為茶褐色。像這種直翅目的昆蟲型態與體色酷似稻科植物（**圖 6-1**）。稻科植物的葉脈以平行直線縱走，而直翅目的翅脈也呈筆直形狀，因而被稱為「直

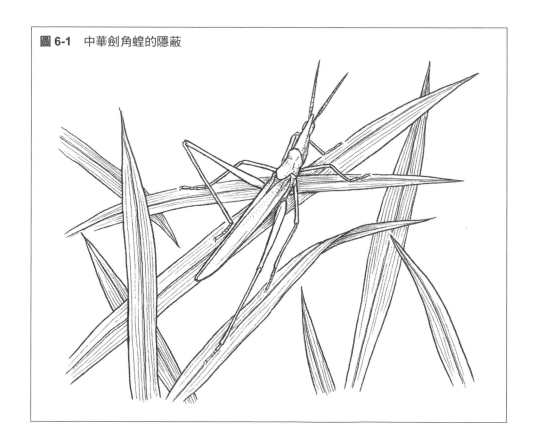

圖 6-1 中華劍角蝗的隱蔽

翅目」。棲息在草叢的中華劍角蝗為這種蚱蜢的典型種類，但並非全部綠色，而是混有茶褐色，隱蔽的程度一流。因植物也會有部分是乾枯的，綠色與茶褐色相混合顯得很自然普通。麻櫟是一種生長在西日本山林極常見的樹木，也有對這種灰褐色樹幹進行擬態的昆蟲及動物。例如，波斑毒蛾的老齡幼蟲凹凸不平的灰色皮膚酷似麻櫟粗糙的樹肌。

大多數蝴蝶的翅膀內面（腹部）顏色比表面還要樸素（圖**6-2**），這與蝴蝶休息時收起翅膀的習性有關。蛺蝶類與眼蝶類為其典型種類。有人認為這是因蝴蝶在休息時並無防備，這時為不易讓鳥類等捕食者發現，這些蝴蝶使翅膀內面的隱蔽色發達起來。枯葉蝶的翅膀也是表面呈現琉璃色、黃色及黑色等非常豔麗奪目的色彩，但內側則酷似淡褐色的枯葉，連葉脈都有。熱帶也有棲息著酷似褐色枯葉的枯葉螳螂同類。停在樹皮上的蛾類，其體色大多類似樹皮，或類似附著於樹皮上地衣類之體色。

體色融入周邊風景而不顯眼的昆蟲，不被發現的機率很高，如此存活下來的個體之間互相交配後繁衍後代。這種過程經長期間不斷反覆演化，最後進化成巧妙融入背景的保護色與隱蔽色。為迴避捕食者而進化到與背景一致的案例如下。在英國工業革命時，樹幹

圖 6-2　孔雀蛺蝶的翅膀表面與內側

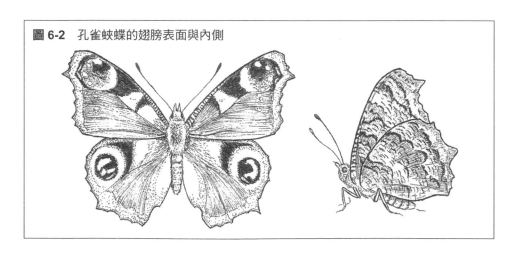

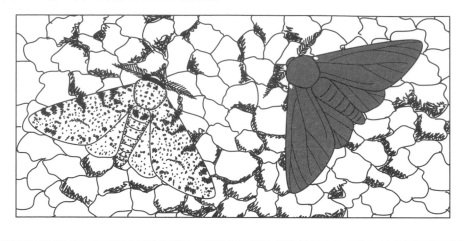

圖 6-3　霜斑枝尺蠖蛾的白色型與黑色型

被煤煙燻黑的時代，由白色型變為黑色型，當排出煤煙的煙囪消失後，再由黑色型變回白色型的霜斑枝尺蠖蛾非常有名（**圖 6-3**）。利用標記重捕法，證實受到鳥類捕食壓力的影響，白色型與黑色型的生存率會有所不同，體色與背景一致的效果因而獲得肯定，並獲知這是一個依自然選擇（天擇）的進化實例。隱蔽色不僅是昆蟲，在各種動物分類群也都普遍看得見。

　　與以上所舉的隱蔽色容易產生混淆，但仍可區別得出來的是稱為偽裝或隱蔽的擬態。這是讓捕食者認不出是獵物，而可避免被捕的一種防衛方法。將體色、形狀或質感模仿成類似非食物的某種物體，藉以欺騙捕食者的一種方法。所模仿的型態一點也不像昆蟲，而且在鳥類的棲息環境中極其普遍，也非食物，因而不會引起鳥類注意，這樣的昆蟲種類不勝枚舉。模仿植物樹枝、形狀，以及顏色的竹節蟲、形狀與體色模仿捲狀

圖 6-4　擬態成捲狀枯葉的雙色美舟蛾成蟲

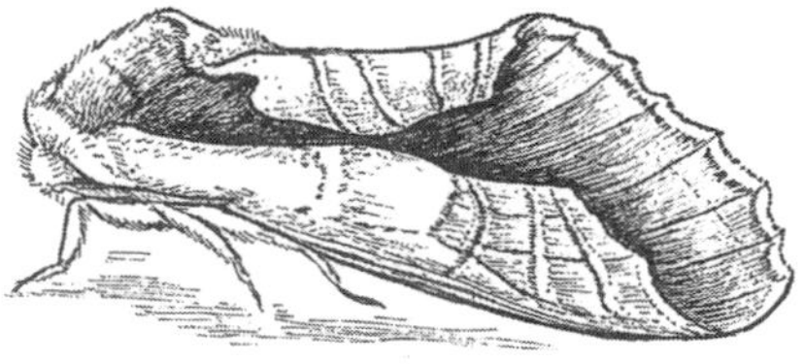

枯葉的雙色美舟蛾（**圖 6-4**）及豔葉夜蛾、與枯葉一模一樣的流星蛺蝶的蛹等，會擬態成枯葉的昆蟲不計其數。

如柑橘鳳蝶及黑鳳蝶從若齡至中齡的幼蟲、黃刺蛾的繭、鳥糞象鼻蟲、金綠寬盾蝽的終齡幼蟲等，與小鳥糞便幾乎無法分辨（**圖 6-5**）。觀察雲斑枝尺蠖蛾的成蟲白天停在樹枝的型態，其黑白相間的翅膀圖樣會令人聯想起鳥的糞便。為何會這麼多的昆蟲體色要模仿鳥糞呢？因鳥類不吃糞便，而且到處都有鳥糞。因此，模仿成非食物的東西，是避免被捕食的一種策略。

有一種稍微不同的擬態，稱為自我擬態。如灰蝶成蟲長有觸角狀的尾狀突起（**圖 6-6**），可轉移鳥類等捕食者的注意力，由真正的頭部轉向注意尾端的假頭部，如此可避免造成致命傷害。

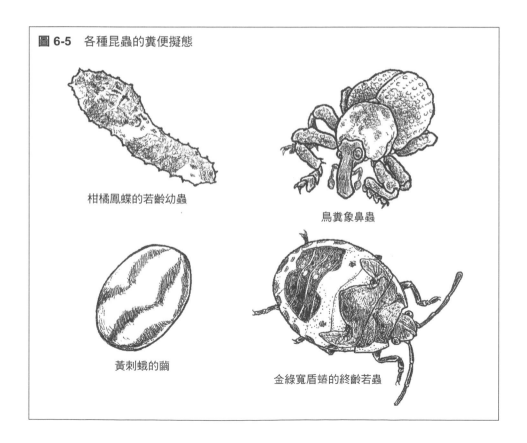

圖 6-5　各種昆蟲的糞便擬態

柑橘鳳蝶的若齡幼蟲

鳥糞象鼻蟲

黃刺蛾的繭

金綠寬盾蝽的終齡若蟲

◆警告色與擬態

與保護色及隱蔽的擬態剛好相反，也有許多昆蟲的體色很鮮豔醒目。這些昆蟲大多不可口，或具有毒性。這種顯眼的顏色稱為警告色。鳥類等捕食者依據覓食經驗學習到食物的品質。對於具有警告

圖 6-6　長有觸角狀的尾狀突起的灰蝶同類

色的食物，會將不可口與體色聯想學習，之後只要一看到體色就會避開。所謂的聯想學習是指有過良好經驗與惡劣經驗時，會伴隨這些經驗的顏色與氣味產生聯想並學習。不論是人類或人類以外的脊椎動物，這都是一種很普遍的學習。

透過這種聯想學習，警告色進化成具有生存價值的防衛方式。不過，有種昆蟲既非不好吃，也沒有毒性，但鳥類就是不會吃牠。那就是以前曾遭遇過慘痛的經驗，雖然真的可以吃，但仍避開不吃，昆蟲對於鳥類的這種習性採取反其道而行的策略。可被食用的昆蟲模擬不能被食用的昆蟲進行擬態，而逃過被吃的命運，稱之為貝氏擬態。由於不能吃因而被擬態，這種生物稱為被擬態的模式物種，而擬態的生物則稱為擬態者（Mimic），這種擬態現象是英國博物學者貝茨（Henry Walter Bates）在亞馬遜的熱帶雨林進行生物探查時所發現，因而以他的名字命名。

棲息於南美的白蝶同類被認為是擬態成毒蝶，這種毒蝶棲息於同一地區，讓捕食者難以下嚥。在北美洲，蛺蝶科之黑條擬斑蛺蝶擬態成斑蝶科的君主斑蝶，這一案例非常著名（**圖 6-7**）。在日本，蛺蝶科的斐豹蛺蝶及金斑蛺蝶的雌蟲，也擬態成食用馬利筋而具有毒性的斑蝶科的樺斑蝶。此外，已知棲息於西南群島的玉帶鳳蝶雌

圖 6-7　君主斑蝶與其擬態者黑條擬斑蛺蝶

君主斑蝶　　　　　　　　　　　　　　黑條擬斑蛺蝶

※ 以深灰色表示之處實際為橙色部分。

蟲，在有毒的紅珠鳳蝶所棲息的島嶼，存在著類似紅珠鳳蝶類型的
雌蟲。會產生這種擬態，特別是大部分呈現擬態的蝴蝶都是雌蟲，
其原因被認為是因雌蟲與雄蟲迥異，為了在植物上產卵得緩慢飛
翔，這時需避免被鳥類捕食之故。此時，玉帶鳳蝶雌蟲模擬成翅膀
上長有紅色斑點的紅珠鳳蝶時，因需形成紅色色素，會伴隨著付出
生理代價。然而，即使須付出代價，也唯有擬態才能對生存創造有
利的環境條件，擬態就進化了。

　　目前已獲知紅珠鳳蝶雌蟲的圖樣是赤紋型基因，這是依循優性
定律的孟德爾遺傳法則。如此的話，個體群的全部似乎都會形成赤
紋型，但其比率在一定以上就不會增加。擬態型一增加的話，鳥類
嘗到討厭味道的機率就會減少，學習效果會減弱，導致擬態的效果
降低。因此擬態者在個體群中不能占多數。此外，其色彩也很難被
雄蟲發現，由於有這方面的不利因素，因而被認為這是擬態者不能
佔一定比率以上的另一個理由。

　　在自然界，成為貝氏擬態模式的昆蟲不計其數，狩蜂為其代表
（**圖 6-8**）。蜜蜂會螫刺，對於鳥類等捕食者也會造成威脅。擬態
成蜜蜂的昆蟲不勝枚舉，如食蚜蠅等的蛀類、瓜實蠅及東方果實蠅
等的實蠅類、透翅蛾科的蛾類、天牛科的虎天牛同類等。這些昆蟲

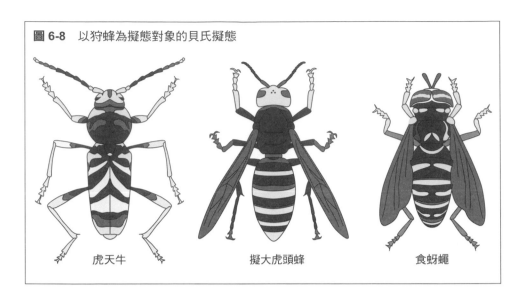

圖 6-8　以狩蜂為擬態對象的貝氏擬態

虎天牛　　　　　　擬大虎頭蜂　　　　　　食蚜蠅

為黑色與黃色相間的橫條紋圖樣，不僅長得與蜜蜂一模一樣，且外形也幾可亂真，如瓜實蠅雖然是蠅類，中間卻變細成蜂腰狀，只是由於瓜實蠅是屬於雙翅目，翅膀只有 2 片。無霸勾蜓也是黑色與黃色相間的條紋圖樣，非常醒目，但被捉到時就會採取彎曲腹部的行動。宛如要以彎曲的腹部前端螫刺。不論是色彩或是行動，或許都是以蜜蜂為擬態對象。蜜蜂類中，木蜂屬的蜂族類也成為擬態的榜樣。

　　蟻類與蜜蜂一樣同屬膜翅目，而擬態成蟻類的昆蟲及蜘蛛也為數甚多。螞蟻也會螫刺、撕咬及釋放出蟻酸，為攻擊性極強的昆蟲；此外，也具有高度的社會性，群居生活。與蜜蜂一樣，牠們是自然界的威脅者。擬態成螞蟻的昆蟲有椿象、虎甲、螽斯及螳螂同類等。特別是為人所熟知，會危害大豆等豆科作物的害蟲大豆細緣椿象幼蟲，其體色與外型均酷似螞蟻（**圖 6-9 左**），擅長步行，連走路方式都和螞蟻很像。在地面走路的樣子會讓人深信牠就是螞蟻。成蟲後，背部變成黃色與黑色的條紋圖樣，飛行的姿勢很像蜜蜂（**圖 6-9 右**）。在不能飛的幼蟲期擬態成不會飛的螞蟻，在會飛

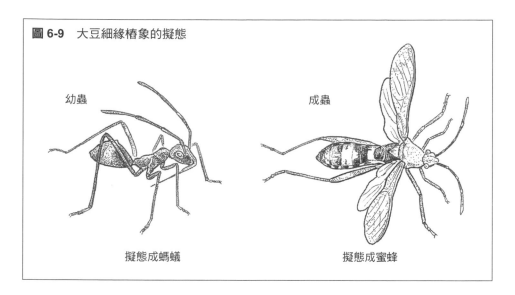

圖 6-9　大豆細緣椿象的擬態

幼蟲　　　　　　　　　　　　　　　成蟲

擬態成螞蟻　　　　　　　　　　　擬態成蜜蜂

的成蟲期則擬態成會飛行的蜜蜂，不得不令人佩服！

　　潛藏在熱帶行軍蟻群中的甲蟲，在外觀上酷似螞蟻，幾乎難以分辨。由於螞蟻的視力很差，因而也有人認為擬態成螞蟻，並非針對螞蟻而擬態。不過，也有人認為，一擬態成螞蟻，螞蟻的觸角就很難感測出來。總之，這都是在訴說螞蟻在自然界中勢力之龐大。

　　討厭椿象類臭味的人應該很多，但這種臭味被認為是做為對抗蟻類的防衛對策所進化而來。最討厭椿象類臭味的莫過於蟻類了。椿象類的臭氣物質，在結構上類似蟻類的警戒費洛蒙等化學物質，可視為是一種化學擬態（**圖 6-10**）。椿象類會有臭味，在自然界具有重大意義。

　　另一方面，具有毒物的同類之間也會互相模仿色彩。如此一來，體色呈現出同樣色彩的昆蟲就會增加，因而可期待鳥類學習到這種昆蟲不能吃的機會也會增加。這也可視為是一種稀釋效果。例如，棲息於南美的毒蝶就非常有名。長腳蜂及胡蜂的同類全都長有黃色與黑色的條紋圖樣，被認為也是這個原因。有毒且難吃的椿象同類也大多具有紅與黑的同樣條紋圖樣（**圖 6-11**）。發現這種有毒

圖 6-10　椿象的臭味可用來防衛螞蟻

而難以下嚥的同類互相模仿豔麗色彩的人是德國博物學者 F. 穆勒
（Fritz Muller），因而以他的名字命名為穆氏擬態。

　　上述以君主斑蝶為擬態對象的黑條擬斑蛺蝶，被認為是典型的
貝氏擬態，但據美國最近的研究報告指出，以斑蝶為擬態對象的蛺
蝶之中，也含有難以下嚥成分的種類，因而被修正為穆氏擬態。就
算是斐豹蛺蝶，也透過雞隻進行捕食實驗而得知牠味道難吃，因而
目前逐漸被視為穆氏擬態。之前被認為是貝氏擬態或穆氏擬態的擬
態當中，也極可能都包含了必須重新檢討的案例。穆氏擬態大多可
與貝氏擬態進行對比（**圖 6-12**），即使是穆氏擬態，所有的物種均
具有同樣防禦水準的並不多見，即便如此，防禦水準低的物種被認
為可獲得更高的利益。因此，將防禦水準低的物種稱為擬態者
（Mimic），較高的物種當做擬態的模式物種的話，則貝氏擬態與
穆氏擬態亦可統一理解為並非不同的東西，而是由低往高連續性的
遞減。

　　紅與黑色，或黃與黑色的鮮豔體色，為有毒或難吃動物的共通
體色，其種類如下：箭毒蛙及蠑螈類等的兩棲類、黑紋珊瑚蛇類等

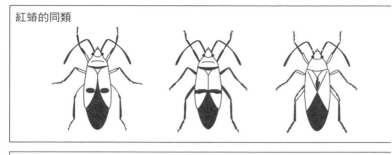

圖 **6-11** 西非產半翅目異翅亞目的穆氏擬態

紅蝽的同類

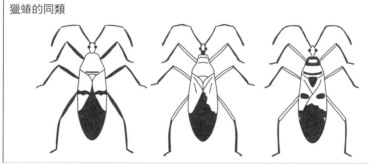

獵蝽的同類

（參考 M.Edmunds.,1980 製圖）

圖 **6-12** 貝氏擬態與穆氏擬態的差異

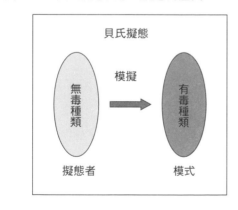

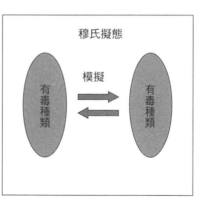

的爬蟲類、螢類、椿象類、毒蝶類、一部分的鳳蝶類等昆蟲類。因此，以上這些橫跨分類群的種類，可寬鬆認定為穆氏擬態，或許可思考這種現象。

◆分斷色（條紋保護色）

捕食者藉由記憶中的食物搜索影像，來進行有效率的捕食。依靠視覺的捕食者不僅要記得被食者的色彩、亮度、圖樣的形式，也要以被食者的體型及輪廓做為線索。反之，成為捕食者食物的昆蟲，為了讓捕食者無法形成搜索影像而想方設法。很多昆蟲在身體或翅膀上形成顯眼的條紋圖樣，或黑白相間的大型圖樣。日本黃脊蝗及背條土蝗在背部的中央有一條白色縱向條紋，這種條紋將身體分為兩部分，打亂真正的外型（**圖6-13**）。蛾的成蟲翅膀經常呈現條紋圖樣，這是以背景的色彩與邊緣效應（為使本身身體邊緣與背景一致，被獵食的生物會改變身體邊緣的部分色彩）為目標，可說是一種迴避捕食者的戰術。有人認為，這些是在視覺上產生出偽裝的交界線，具有妨礙捕食者偵測出或認出生物體真正輪廓及形狀之

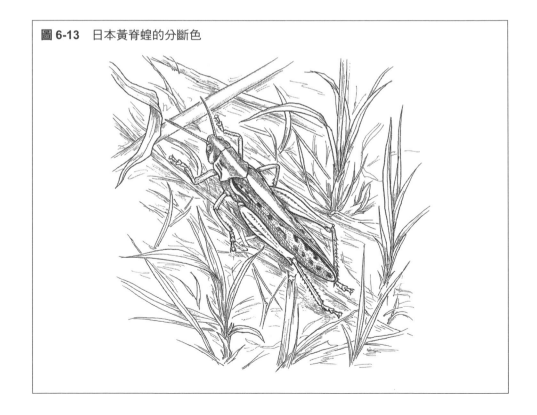

圖6-13 日本黃脊蝗的分斷色

功能。這種圖樣稱為分斷色（條紋保護色）。魚類、鳥類及哺乳類等被認為也具有分斷色的種類為數頗多。

◆眼球圖樣

在身體上具有眼球圖樣（眼狀紋）的動物不計其數，鳥類、爬蟲類及魚類等均可看到。昆蟲類是最常見到具有眼球圖樣的一種。昆蟲類的鱗翅目昆蟲非常顯眼。天蛾成蟲的後翅及桃子的害蟲枯葉夜蛾成蟲的後翅，兩者均具有很大的眼狀紋（**圖 6-14**）。鳳蝶科的蝴蝶幼蟲在 4 齡（脫皮一次算 1 齡）之前為類似糞便的圖樣，但 5 齡幼蟲會改變色彩及圖樣，具有宛如小蛇眼睛般的眼球圖樣。有關眼球圖樣的功能，一般認為具有使捕食者迴避的效果。其效果有「驚嚇假說」與「偏離假說」。前者再分為 2 種：其一認為，模擬鳥類天敵的蛇類及猛禽類的眼睛，可使鳥類迴避；另一種說法認為，這種模擬眼球圖樣對自己本身並無意義。偽裝成蛇的樣子及具有眼球圖樣的毛毛蟲，有關其進化的理由，已於貝氏擬態與穆氏擬態加以說明。也有一種說法認為，因小鳥懷有本能的「恐懼」感，

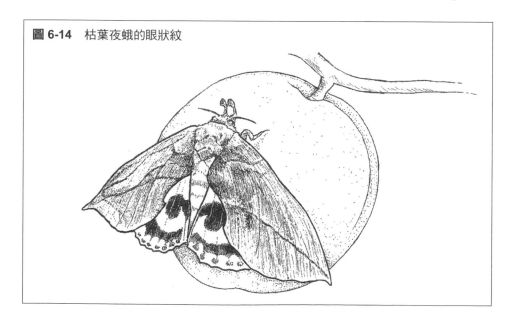

圖 6-14 枯葉夜蛾的眼狀紋

不是因此讓昆蟲進化了嗎？貝氏擬態的說法認為，在棲息著眾多難以下嚥，而能成為模仿對象的被獵物者當中，擬態個體只有少數時才可發揮效果。不過，若是這樣的話，就無法說明棲息在世界熱帶雨林中，具有眼球圖樣的眾多毛毛蟲了。因此，在小鳥及小型哺乳類大量棲息的熱帶雨林中生活的毛毛蟲，有很多均具有眼球圖樣，其理由被認為就是「小鳥恐懼」假說。自然選擇不可能錯過這種小鳥的恐懼感，而認為促使毛毛蟲進化成眼球圖樣的就是這種說法。

　　模擬眼球圖樣對自己本身並無意義的這種說法認為，捕食者是因「新奇恐懼」的心理，並不想捕食這種新奇的食物菜單，在自然界中這種具有眼球圖樣而幾乎沒見過的顯眼食物，會使捕食者迴避。

　　與上述持相反的說法為「偏離假說」，這種說法認為，藉由吸引捕食者注意眼球圖樣，可避免對致命部位的攻擊，而可增加逃命的機會。昆蟲了解到若將身體的一部分模擬成其他部位，可使捕食者本來瞄準頭部的部位，轉移到所模擬的部位，此稱為自我擬態。灰蝶的同類將位於後翅的尾狀突起，塑造成宛如頭部的形狀，可說就是這種典型的例子。

　　「驚嚇假說」與「偏離假說」雖說是少數人的論調，但事實上仍有支持這些說法的研究案例。一般而言，眼球圖樣相對於體型的比例顯得較大，而且位於身體中央，因而認為具有「驚嚇假說」的功能；反之，相對地看起來較小的外緣部分，更能認為是具有「偏離假說」的功能。不過，世界最大型的蛾—皇蛾在前翅的上面外緣部長有小小的眼球，再加上其下方口部的橫線圖樣與後翅合起來的圖樣，會令人聯想到蛇腹，其翅膀的大小也相稱，因而令人唯一能想到的就是蛇擬態（**參照圖 2-22**）。有關眼球圖樣的進化因素仍有很大的研究空間。

二次防衛

◆逃避

　　為逃避敵人攻擊才呈現出的防衛稱為二次防衛。二次防衛有各式各樣：逃走、靜止不動岔開敵人的眼睛、反過來威嚇敵人、逆轉反擊等情形。

　　被敵人攻擊時，最單純的防衛方式就是走為上策。有步行逃走、飛走，如果是水生昆蟲就游泳或潛水逃走。如前所述，蝶蛾類就使用位於翅膀的鱗粉，逃離鳥類的尖嘴或蜘蛛絲。以地面為生活場所的地上徘徊性昆蟲，失去飛行能力後，取而代之的是發達的步行能力，可迅速步行逃走。椿象類會排出臭氣的種類很多，這種臭氣具有警戒費洛蒙的功能，受攻擊者的周邊個體感應到這種氣體後就會逃走。飛行中的燈蛾及夜蛾等如前所述，當蝙蝠要捕捉牠們時，會依據蝙蝠所發出的超音波做出反應，採取急速旋轉逃走或下降來逃避蝙蝠。

◆化學防衛

　　食蝸步行蟲及虎甲蟲同類、垃圾昆蟲以及許多椿象類使用化學物質進行二次防衛。也就是說，被敵人攻擊時會噴出霧狀的強酸刺激性毒物。椿象類的臭氣如前述，被認為主要是對付蟻類的防衛對策所進化而來。某種甲蟲，例如被鳥啄住的瞬間，會用腹部的尾端朝敵人的方向噴出毒物。椿象的同類被鳥類攻擊時。有的也會瞄準鳥類眼睛噴出臭氣物質。椿象的臭氣對黏膜具有功效，眼睛會在瞬間看不見，椿象就可趁隙逃走。

◆自割、反擊、威嚇

　　蚱蜢的同類遭受危險時會自己斷足逃生，這種稱為自割的行為

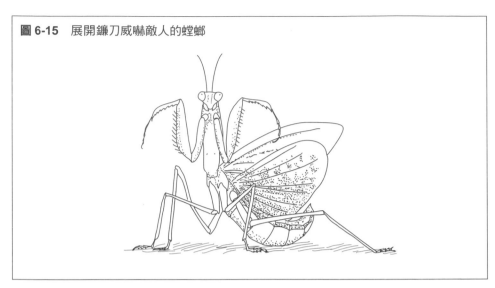

圖 6-15 展開鐮刀威嚇敵人的螳螂

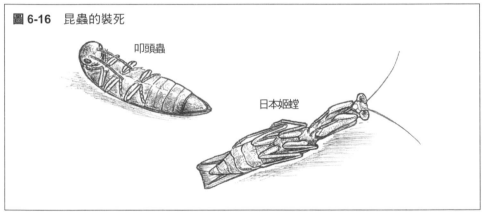

圖 6-16 昆蟲的裝死

叩頭蟲

日本姬螳

為人所熟知。脊椎動物的蜥蜴類斷尾求生的行為也家喻戶曉。有的昆蟲也擁有對付敵人的防衛用武器。螻蛄被蜘蛛攻擊時會舉起腹部，張開雙鋏夾住捕食者。威嚇行為也經常可見。螳螂的同類會展開大鐮刀，挺起顏色醒目的胸部來威嚇敵人（**圖 6-15**）。平常擬態成樹枝靜止不動的竹節蟲同類被敵人攻擊時，會豎起色彩鮮豔的翅膀來威嚇敵人。其中有的種類也有會發出威嚇的聲音。

◆裝死

　　一遭遇敵人就裝死（**圖 6-16**）的昆蟲很多。裝死的行為在許多分類群的昆蟲中到處可見，如甲蟲、蟋蟀、竹節蟲、螳螂、椿象、蝶、蜂、水蠆及石蠅等昆蟲。日本菱蝗的同類一被敵人攻擊，身體就會變僵直。有認為與其說這是裝死行為，不如說是變成僵直後，像青蛙等捕食者就難以吞下。

6.2　對擬寄生者的防衛

　　寄生蜂及寄生蠅等擬寄生者，如前所述是屬於恐怖的天敵。因此，昆蟲為迴避或減少被寄生，進化出各種策略。

　　寄主被寄生並不一定會默不作聲。蝶或蛾的幼蟲對付寄生蜂幼蟲就是振動身體，避免被寄生。也有激烈搖晃身體以免被寄生。大型的幼蟲有的也會咬住寄生蜂，或將牠殺死。於是出現了寄生者利用不會反擊的卵或反擊力道薄弱的小幼蟲當寄主的群體。這時寄生者採取的策略為，在寄主內部產卵，等待寄主長大，再將牠飽食後成長。不過，寄主對於產在體內的卵這種異物會發生稱為防衛機制（defense mechanism）的免疫反應，利用血球包圍，將卵排除。相對地，寄生蜂也了解到為防止被包圍，採取了卵不會被當做異物處理的策略。這可說是寄生蜂與寄主之間互相對抗後進化的連鎖反應。

　　以物理方式使寄生者難以寄生的方法，如對付卵寄生蜂，使卵殼堅硬，讓寄生者的產卵管難以插入。或也有採取重疊產卵的物理式對策，使產卵管無法到達位於下層的卵，以避免被寄生。椿象同類的瘤緣椿象及大豆細緣椿象，則將卵產於食草植物以外的葉片背面。寄生蜂會將椿象成蟲所發出的聚集費洛蒙當作開洛蒙（像擬寄生者的引誘物質等，會對產生者這一方蒙受不利的生化學信號物

質），用來尋找寄主卵，因此將卵產於成蟲不在的場所，較容易避免被寄生。這可說是空間的逃避策略。饒富趣味的是，目前已獲知瘤緣椿象一察知附近有寄生蜂時，就會開始在食草植物以外的葉子背面產卵。產卵於主要植物以外場所的椿象卵，孵化後的幼蟲又會如何呢？由卵帶來的營養孵化後為1齡幼蟲，水分若可補給的話，蛻皮後就成為2齡。之後開始尋找寄主植物。目前已獲知此時會使用成蟲（大豆細緣椿象為雄蟲，瘤緣椿象微雌蟲）所發出的聚集費洛蒙。

另一方面，也有採取時間上的逃避策略。在寄生蜂活動遲緩的深秋及冬季進行生長及繁殖，等於可避免被寄生。在深秋進行繁殖活動，在麻櫟的樹幹產卵的九香蟲被認為就是這種例子。

昆蟲的繁殖策略

第 7 章

雄蟲與雌蟲的策略

　　昆蟲不僅要生存，也必須為留下後代進行繁殖的行為。有的種類行孤雌生殖，也就是不需要雄性，僅憑雌性就能進行繁殖行為；另一方面，某些種類的繁殖是以雌雄交配進行生殖行為。因此，對於研究昆蟲在性別的進化及雌雄在性別的策略上，昆蟲可說是很適合的模型。本章就昆蟲的繁殖加以介紹。

7.1　有性生殖與無性生殖

　　具有性行為的有性生殖是由無性生殖而來。酵母菌及出芽生殖的水螅等進行無性生殖的生物迄今仍為數甚多。在太古時代，所有的生物並沒有性別之分，但在某一時間，生殖細胞分裂成 2 個。也就是說，具有 2 條染色體的 1 個細胞，分裂成稱為配子（gamete）的 2 個生殖細胞，而配子中各自僅具有 1 條染色體。而且，這兩個生殖細胞若沒碰面的話，就無法產生出具有 2 條染色體的後代。由於繁衍後代的系統發生這種變化事件，於是開始有性別之分。

　　由增殖速度來看，性別有雌雄 2 個並不具效率。只需 1 個生殖細胞就可繁殖的無性生殖，自己單獨就可不斷分裂，以 2 倍、4 倍、8 倍的倍數增加。而具有雌雄的 2 種生殖細胞進行有性生殖時，雌雄兩性就必須結合才能繁衍後代。在 2 個不同配子碰面前，在各自的路途中有種種困難等候著。在碰面前，雌雄的哪一方或許會被敵

人捕食，或生病而死。只有 2 個配子幸運地碰面結合並順利受精，才能生產出 1 個後代。也就是說，有性生殖的增殖率只有無性生殖的一半（**圖 7-1**）。此稱為有性生殖的代價（cost）。

　　儘管會有增殖上的代價，但在生物界仍有很多生物都行有性生殖，為何會如此演化呢？有關性別的進化上有一個很有名的假說，稱為「紅皇后假說」（Red Queen Hypothesis），此名稱來自英國作家卡洛（Lewis Carroll）的寓言小說《愛麗絲鏡中奇遇記》（**圖 7-2**）。在「鏡子的世界」中，紅皇后不停地跑著，因為「在這裡你就是賣力地跑，也只能留在原地。如果想到別的地方去，你至少得跑兩倍快才行」。也就是說，在這個世界，景物以非常緩慢的速度移動。

　　「紅皇后假說」認為，環繞著生物的環境與這個緩慢移動的景物是一樣的。病毒及病原菌等寄生物容易發生突變，會突然具有毒性，生物若沒妥善因應，難保不會滅絕。

　　因應方式之一就是行有性生殖。利用有性生殖進行基因的重新組合，可產生出與親體不一樣的基因型後代。雄性自己不能生產小孩，卻特意製造出這種「浪費的」雄性，目的是要進行基因的混合。此由增殖這一點來看，是一種非常沒有效率的行為，但或許可藉有性生殖生產出對寄生蟲具有抵抗性的後代。在變動不定的環境中，不僅存在著寄生蟲等生物環境問題，也有氣候變遷等物理環境

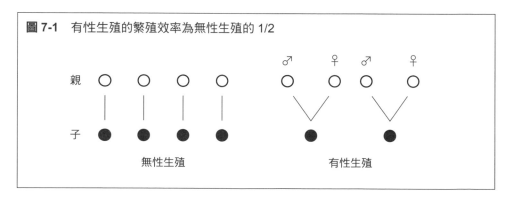

圖 7-1　有性生殖的繁殖效率為無性生殖的 1/2

親

子

無性生殖　　　　　　　　　有性生殖

圖 7-2　拉著愛麗絲的手奔跑的紅皇后

取自《愛麗絲鏡中奇遇記》的插圖

問題。

　　昆蟲普遍行有性生殖，但其中也有孤雌生殖的種類。一般昆蟲容易進行孤雌生殖的環境，據說是高緯度、高海拔、島嶼、洞穴、封閉式的湖沼或河川（相對於海洋），也是容易使昆蟲翅膀退化的非飛行化環境。遷徙分散性高的蜻蛉目完全沒有孤雌生殖，反之，遷徙分散性低的竹節蟲目行孤雌生殖的例子則相當多，由這些事例看來，可推知遷徙分散性偏低，與容易產生孤雌生殖具有某種關聯性。遷徙分散性高的物種，其親子定居在不同環境的機率很高，因此，行有性生殖會形成與親蟲迥異的基因，如此較為有利。反之，遷徙分散性低的生物物種方面，其親子大多棲息在相同環境，因此，以成功的親體進行孤雌生殖或許較為有利。

　　進行孤雌生殖的典型昆蟲是蚜蟲類。而且這種孤雌生殖會與胎生相結合，排卵並非成蟲的機能，而是變成幼蟲的機能。胚的形成是在母體誕生前就開始在母體內形成，這 2 個世代分別在「祖母」體內像俄羅斯娃娃一般相互套疊。蚜蟲類的產子數並不多，但因是

在母體內世代相互套疊，在短期間內就可爆炸性生殖。春天時長出新芽，食物豐富時行孤雌生殖，加把勁地努力增殖。入秋後日照一變短，棲息於溫帶的許多蚜蟲類就轉換成有性生殖，進行卵生性的生產。此時生下的個體在翌春之前產下越冬卵。在資源豐富的時期進行高效率繁殖的孤雌生殖，產量可爆炸性地增加；在不利繁殖的冬季則行有性生殖，生產出與親蟲迥異的基因型後代，真是高招。

另一個主要假說，是稱為穆勒的制動齒輪假說（Muller's ratchet）思考方式。此假說指出，行無性生殖時，在 DNA 複製之際產生錯誤的基因所累積之狀態不會往反方向回復，而行有性生殖時可以修復錯誤的基因，宛如將轉動過的制動齒輪往回轉動，而變成有利狀態的一種假說。

7.2　精子競爭

昆蟲的雌蟲體內具有貯精囊，是個可預先貯藏受精的精子器官。雌蟲大多會經過數次交配，進入貯精囊的精子與卵的受精，有各種方式。有使用首次交配的精子來受精的情形、使用最後一次交配的精子來受精的情形，以及被送進貯精囊的精子混合後隨機受精等情形。被送入貯精囊內的精子，是哪隻精子優先受精，有人認為這與從貯精囊排出的精子與未受精卵相會場所的位置有很大關係。

在使用首次交配的雄性精子來受精的情形下，通常雄蟲與已經第 2 次交配的雌蟲交配時，首先會將自己的生殖器插入雌蟲的生殖器內。雄蟲的生殖器長有如倒鉤狀的棘（**圖 7-3**）可逮住精子，雄蟲使生殖器旋轉、抽拔後，將之前交配的雄蟲精子挖出，射入自己的精子。其具代表性的例子為豆娘。被送進雌蟲體內的眾多不同雄蟲精子為了授精進行激烈競爭，稱為精子競爭。人類精子的壽命據說為 3 日至 5 日，而昆蟲的精子壽命一般可長達數十日，因而容易

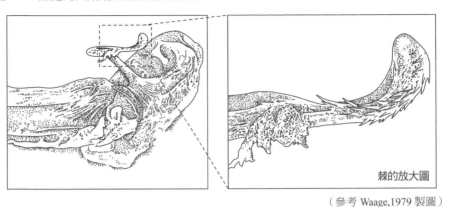

圖 7-3　黑翅河川蜻蜓雄蟲陰莖上的棘

棘的放大圖

（參考 Waage,1979 製圖）

發生競爭。蜜蜂等社會性昆蟲的精子壽命甚至可長達數年之久。依種類而異，但初次交配的雄蟲精子被第 2 次交配的雄蟲精子置換的機率很高。如此的話，對初次交配的雄蟲顯然不利，無法保住父權（paternity）。因此，雄蟲為了緩和精子競爭而進化了各種策略。

　　另一方面，有些昆蟲是以最後一次交配的精子來受精，因此最先交配的雄蟲會採取各種策略。例如，交配後採取長期間保護雌蟲的行為，此在蜻蜓可觀察得到。將精子送入雌蟲後仍持續不停交配，也就是說，使自己本身成為交配栓（copulation plug）的雄性昆蟲為數頗多。瓜實蠅及丸椿象的交配會持續數小時以上，竹節蟲的交配時間甚至持續長達 2 週。此外，交配後，也有些昆蟲會用栓（plug）塞住雌蟲的生殖器。其中也有很完美的交配栓，可 100％防止第 2 次的雄蟲精子侵入，此於日本虎鳳蝶可觀察得到。

　　在雌蟲的貯精囊中有許多雄蟲精子混合的情形，採取盡可能射出許多精子的策略，以提高卵的受精機率。

　　某種雄性蜻蜓會在雌蟲的產卵場所形成交配勢力範圍，排斥其他雄蟲進入。另一種守護方式是連接著尾巴飛行，稱為串接（tandem）的行為，以物理方式阻止雌蟲和其他雄蟲交配。水黽則

是在交配後，雄蟲短期間乘在雌蟲的背上，一直陪到雌蟲潛水產卵為止。也有如尖頭蝗從交配前就一直乘在雌蟲的背上守護著。

乍看之下並不醒目，但其實是一種巧妙的策略。目前已獲知黑腹果蠅在交配時會將存在於附屬腺中的交配抑制物質（肽的一種）移給雌蟲，以控制雌蟲再交配，這種物質也已被鑑定出來。經確認，在日本稻米上造成褐色斑點的小翅瓢簞長龜蟲，也存在著同樣的交配抑制物質。目前已證實，將取出的雄蟲附屬腺物質注入雌蟲後，雌蟲在短期間會拒絕與雄蟲交配。

7.3 性別內選擇與性別間選擇

在性別的進化上，一方的性對另一方的性產生了選擇壓力的現象，此稱為性選擇。昆蟲成蟲的體型大小、型態、生活史及行為等性狀方面，雌雄會呈現出差異的原因，據認為全都是這種性選擇所造成。以自然選擇無法說明為何僅雄蟲才具有這種現象，如獨角仙的犄角、孔雀的美麗羽毛，達爾文提出了第 2 性徵是否係適應進化的說法。

達爾文將性選擇分為性別內選擇與性別間選擇。雄性為與雌性交配，雄性間必須彼此競爭，獲勝者才得以交配，此稱為性別內選擇。一方的性個體（雄性）為獲得另一方性個體（雌性）的青睞進行交配，雄性需進化本身所具有的性狀，此稱為性別間選擇。

7.3.1 性別內選擇

對雄蟲而言，繁殖的成功就是盡量與多數的雌蟲進行交配，以生出較多的後代。由於可接受交配的雌蟲常比可交配的雄蟲還少，雄蟲為了和雌蟲交配因而互相競爭。經常可看到的是，多數的雄蟲圍繞在雌蟲旁邊互相爭逐的場面。其中有的雄蟲甚至會阻礙正在交

配中的雄蟲。獨角仙也會在有樹液的樹幹上以觭角當武器打起架來
（**圖 7-4**）。這是典型雄蟲之間的爭鬥，勝利的雄蟲可與雌蟲交配，
產生了這種性別內選擇。其結果，只有雄蟲才有的攻擊武器—觭角
就發達起來，產生了這種第 2 性徵。不只是觭角，雄蟲體型也變得
較大。身體壯碩的一方在直接攻擊上較占上風的緣故。緣椿科的同
類中也有雄蟲後足腿節肥胖發達的情形。瘤緣椿象附著於茄科及旋
花等植物，為非常普通的椿象，但目前已知這種椿象的雄蟲也會為
了雌蟲而互相攻擊（**圖 7-5**）。瘤緣椿象的雌蟲具有非常強烈的群
集性，會形成群體。性成熟到來時，雄蟲就圍繞著雌蟲展開激烈爭
逐。對於瘤緣椿象的雄蟲而言，雌蟲的群體具有守護的價值，而且
是個值得守護的紮實「資源」。這場戰鬥是一種力量的較勁。使用
肥胖發達的後足腿節勒緊對手，像相撲一樣，雙方緊緊互相抱住，
全力以赴。通常在數分鐘內就可分出勝負，體型相對較大的一方獲
勝。但這並不是一場欲置對方於死地的戰鬥，而是一種儀式的比
賽。獲勝者可劃定勢力範圍，獨佔整個雌蟲群體進行交配。這可視
為後宮妻妾成群（harem）。後宮的主人必然是體型高大的個體，
而環繞著大型雌蟲群體的戰鬥顯得特別激烈，因此，守護大型群體

圖 7-4　雄性獨角仙的爭鬥行為

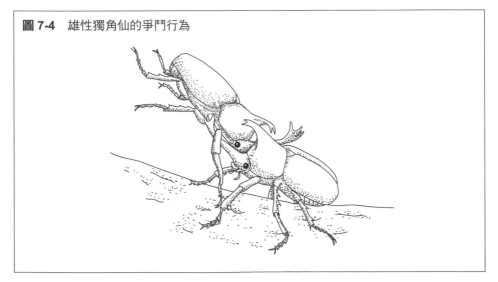

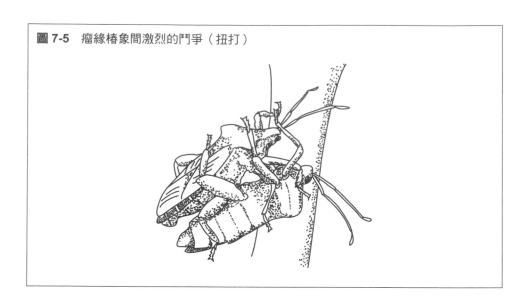

圖 7-5　瘤緣椿象間激烈的鬥爭（扭打）

　　的雄蟲體型有變大的傾向。這意味著雌蟲由於群聚的關係，因而與大型雄蟲交配的機率較高。倘若體型的大小會遺傳，那麼與大型的雄蟲交配的雌蟲，平均會生出體型較大的兒女。若是產出體型大的兒子，以後爭逐雌蟲時較容易獲勝；若是體型大的女兒，產卵數也一定會變多。由於可與擁有壯碩體型、善於攻擊等這般優良基因的雄蟲交配，因而讓雌蟲進化出群集性。

　　稱為小翅瓢簞長龜蟲的椿象類，以稻子或稻科雜草的種子為食物，其雄蟲的前足腿節肥大發達（**圖 7-6**），不過，爭取的對象並非雌蟲，而是食物（稻科植物的種子）。為何這是性別內選擇呢？其實這是打架獲勝後，獲得食物的雄蟲發出費洛蒙，引誘雌蟲前來，以食物當禮物進行交配。這是一種婚姻贈禮。這種椿象也是以大型的雄蟲在戰鬥上較具優勢，而且雄蟲的體型也比雌蟲大。

　　如上所述，雄性間直接的肉搏爭鬥上，體型大的個體居優勢乃是普遍的現象。不過，很多昆蟲中不僅有塊頭大的雄蟲，也存在著體型小的雄蟲。若僅依戰鬥的勝敗來決定可否交配的話，為何小型的雄蟲還有存在的空間呢？

圖 7-6 小翅瓢簞長龜蟲的雄蟲（右）與雌蟲（左）

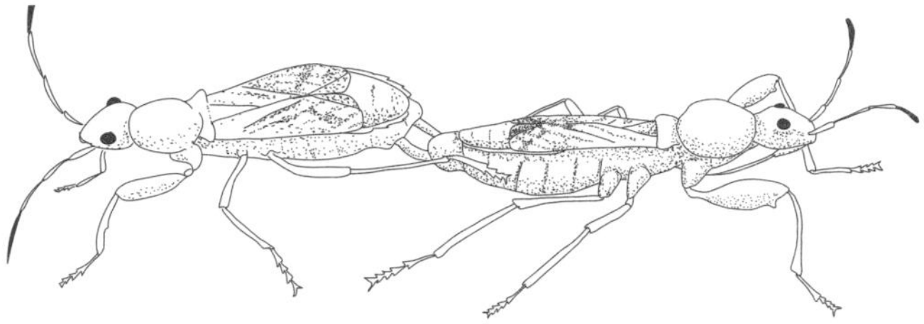

雄蟲的前足腿節比雌蟲發達。

　　椰子犀角金龜的一種雄蟲，在甘蔗的莖上挖掘約可容納 2 隻昆蟲身體的巢穴後，等待雌蟲的來訪。當雌蟲終於到來時，為與雌蟲交配產卵，會招待雌蟲進入自己挖的巢穴。順利的話，雄蟲與雌蟲交配，並可在巢穴內照料幼蟲。若碰到其他雄蟲來挑戰，兩隻雄蟲就用發達的觭角爭逐起來。由於勝利的一方會成為巢穴的主人，自己辛苦挖掘的巢穴也有可能被搶走。目前已知本種體型有很明顯不同的 2 種雄蟲。一方為具有發達觭角的大型雄蟲，稱為較大的雄蟲；另一方為小型雄蟲，長有不適合戰鬥的小觭角，稱為較小的雄蟲。調查甘蔗園裡的雄蟲分布情形發現，在很多雌蟲聚集的繁殖地中心可發現較大的雄蟲；相對地，較小型的雄蟲則沿著繁殖地帶的邊緣分布。避開雄蟲之間爭逐得很激烈的繁殖地中心，以來到周邊的雌蟲為對象，因而被認為這是較小型雄蟲出現在分布邊緣的緣故。由此可知，大型的雄蟲與小型的雄蟲爭取雌蟲的做法各有不同。

　　日本的獨角仙並不是以分布場所區分，而是以出現樹液豐富的場所，同時也是交配場所的時間帶來區分，較大型雄蟲與較小型雄蟲（**圖 7-7**）出現的時間並不一樣。據觀察的結果發現，大多數的雌蟲會在晚上 9 時～ 10 時左右聚集在樹液場所；相對地，較大型雄蟲也會在晚上 9 時左右起聚集在樹液場所。另一方面，雌蟲中也會有相當百分比的雌蟲，會在晚上 8 時左右就到來。較小型雄蟲則

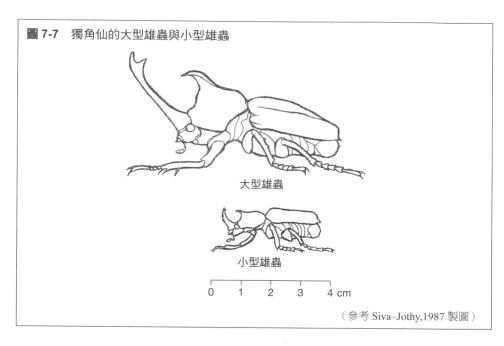

圖 7-7　獨角仙的大型雄蟲與小型雄蟲

大型雄蟲

小型雄蟲

0　1　2　3　4 cm

（參考 Siva–Jothy,1987 製圖）

提早於晚上 7 時左右就出現在樹液場所，因而被認為這是伺機與較早時間到來的少數雌蟲交配。這種交配戰術就是，即使自己無法長成大型雄蟲，也要採取中等的策略，設法將自己的基因遺傳下去。

目前已知澳洲的糞金龜同類中，小型雄蟲採取其他手段，以不亞於大型雄蟲的頻率與雌蟲積極交配。本種的雄蟲為生育會挖掘洞穴，以此處作為巢穴等待雌蟲到來。大型雄蟲在洞穴中等待雌蟲到來，若有其他雄蟲到來就開戰。相對地，小型雄蟲則緊挨著大型雄蟲所挖掘洞穴的旁邊另挖一個洞穴潛居。之後，趁大型雄蟲與其他雄蟲在地面附近大戰方酣之際，就從旁邊洞穴潛入大型雄蟲所挖的洞穴中，與雌蟲迅速完成交配（**圖 7-8**）。小型雄蟲的精巢依身體比例比大型雄蟲還大，因此，即使是短時間迅速交配，也可將很多精子送入雌蟲體內。也就是說，在精子競爭上有利地進化了。將糞金龜按每個體重排列，顯示出體型大且擁有漂亮觭角的群體之高峰，與體型小卻擁有大精巢的群體之高峰（**圖 7-9**）。這雙峰型的體型分布樣式，證明小型雄蟲也和大型雄蟲一樣可將自己的基因傳

給後代。

　　對於幼蟲的照料時間及資源等價值，也有雌雄之間發生逆轉的事例。雌蟲之間互相爭鬥，或雄蟲選擇雌蟲發生逆轉現象，例如負子蟲及大田鱉，其雌蟲為爭取雄蟲而互相爭風吃醋。大田鱉雄蟲負責守護卵塊，而雌蟲則會破壞不是自己所產的卵塊後與雄蟲交配，再由雄蟲守護自己所產的卵塊。這是一種殺嬰行為。雌蟲為獲得交

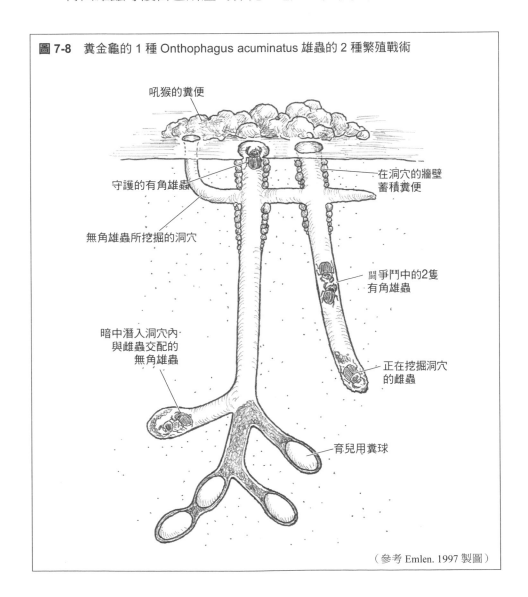

圖 7-8　糞金龜的 1 種 Onthophagus acuminatus 雄蟲的 2 種繁殖戰術

吼猴的糞便

在洞穴的牆壁
蓄積糞便

守護的有角雄蟲

無角雄蟲所挖掘的洞穴

鬥爭鬥中的2隻
有角雄蟲

暗中潛入洞穴內
與雌蟲交配的
無角雄蟲

正在挖掘洞穴
的雌蟲

育兒用糞球

（參考 Emlen. 1997 製圖）

配對象作為育兒雄蟲來守護自己的卵塊，因而將雄蟲正在保護的卵塊破壞掉。所看守的卵塊被破壞掉的雄蟲只好和新的雌蟲交配，並守護這次雌蟲所產的卵塊。這種殺嬰行為，目前在昆蟲界除了大田鱉外，還未確定其他種類有無這種情形。

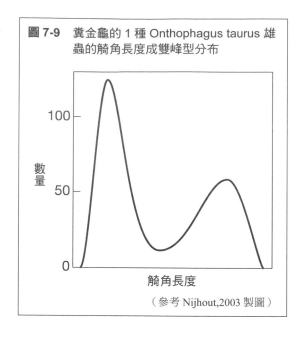

圖7-9　糞金龜的 1 種 Onthophagus taurus 雄蟲的觭角長度成雙峰型分布

（參考 Nijhout,2003 製圖）

在哺乳類方面，以前知道獅子、瘤猴（hanuman）與長尾葉猴等猴子有殺嬰行為，其後發現其他的猴類、地松鼠及海豚也有這種行為，但會殺子的全都是雄性。

動物將殺嬰行為當做是極其合理化行為的結果，就此產生進化。若是對方正在養育孩子，在孩子還未離巢之前不能進行交配，動物的雄性（大田鱉是雌性）即不能擁有自己的孩子。此外，若是擁有群體的雄性，對於正在照料與其他雄性所生孩子的雌性，仍必須予以守護，得付出如此的代價。因此，殺害別人孩子以留下自己的孩子才是有效方法，接著就會引發殺嬰行為。

7.3.2　性別間選擇

雌性一般大多會選擇對自己後代有利的雄性，而處於被選擇的雄性性狀大致可分為兩種。雌性直接被雄性的魅力所吸引而選擇與此雄性交配，或選擇雄性所擁有的間接性狀後交配的情形。例如，選擇擁有龐大勢力範圍的雄性；為養育後代，選擇擁有優質巢穴的

雄性；或選擇的雄性對於後代的繁殖可供給營養價值高的婚姻食物（求婚禮物）等，這些情形被認為是雌性間接的擇偶條件。蚊蠍蛉的雄蟲將捕捉到的獵物，當做是結婚禮物獻給雌蟲，雌蟲對於提著大型食物而來的雄蟲應允交配（**圖7-10**）。禮物需要多還是少，由雌蟲挑選決定。如前文所述，瘤緣椿象自己組成群體，引起雄性間激烈互鬥，再和獲勝的強壯雄蟲交配。這可說也是一種以間接性狀選擇配偶。

　　另一方面，雄蟲對於如何方能不勞而穫的策略也勤加練習。舞虻同類的雄虻為贈送禮物給雌虻，捕捉蚊蠅送給雌虻。這時，被挑選的雄虻，一般都要攜帶營養價值高又大的食物，雌虻才看得上。不過，有的雄虻會用自己身體所分泌出的絲，將小食物層層包裹，讓外觀看起來顯得比實際還大很多，以如此策略來討好雌虻。

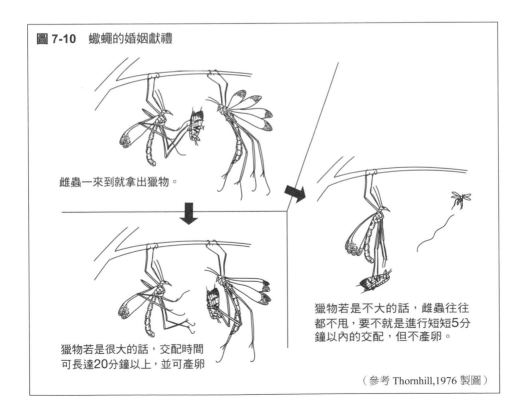

圖 7-10　蠍蠅的婚姻獻禮

雌蟲一來到就拿出獵物。

獵物若是很大的話，交配時間可長達20分鐘以上，並可產卵

獵物若是不大的話，雌蟲往往都不甩，要不就是進行短短5分鐘以內的交配，但不產卵。

（參考 Thornhill,1976 製圖）

即使到了交配階段，對於雄蟲而言，自己的精子是否可讓雌蟲受精更是問題所在。這是發生在交配後雄蟲間的競爭，與雌蟲的偏好問題。如前所述，與多數雄蟲交配的雌蟲，雄蟲所放出的精子會在雌蟲的生殖器官中互相競爭。這是交配後，雄蟲間競爭的一種實例，為爭取受精機會而發生精子間競爭。近年來，「隱性雌性選擇機會」的說法受到矚目。所謂的配偶選擇，一般都是指在交配前的某種選擇行為（如雌蟲為逃避求愛的雄蟲而選擇逃亡或拒絕求愛），但目前已明確顯示出，雌蟲在交配中或交配後會進行配偶的選擇。與不喜歡的雄蟲交配時會中斷，或與中意的雄蟲再交配，或有的雌蟲對於進入受精囊的 2 隻雄精蟲會選擇性地利用，採取從外觀無法判別的行為。例如，金花蟲之一種Diabrotica undecimpunctata howardi 的雄蟲，有個習性就是在交配中會用觸角有韻律地輕拍雌蟲的身體，雌蟲會由觸角拍打的韻律速度，從中選擇較快速的雄蟲，只接受這種雄蟲的精包。雌蟲在交配中才決定是否要接受精包。不僅是雄蟲的精子互相競爭，由雌蟲偏好之觀點來看，實有必要重新評估昆蟲的交配策略。

　　雌蟲選擇雄蟲時，雌蟲會挑揀雄蟲的性狀與雌蟲的偏好，雌雄向著同一方向進化。兩種性狀朝向同一方向行進，透過正回饋（feedback）進行協同進化的樣貌，稱為費雪失控（Fisher's runaway）過程。這個模型假說是說明在第二性徵的性狀上（很多事例），對於雄蟲而言，其所具有的發達性狀在自然選擇上被認為是不利的，其結果有時會產生顯著的性差理由，這項假說的提倡，補充說明了性別內選擇所無法說明的事例。其他尚有不利條件原理（The Handicap Principle），這理論說明在單向的性別（大多是雄性）上，其性狀顯著發達，這是因為即使擁有在自然選擇上不利的性狀，但由於雌蟲仍舊偏好這種具有生存能力的雄蟲，因而產生顯著的性差。

7.4 配偶制度

以群體的水準觀察時，生物在時間與空間呈現出的繁殖型式之結構，稱為配偶制度。生物的雌性及雄性採用什麼樣的繁殖樣式，基本上是取決於雌性（對雄性而言，其資源就是雌性），或吸引雌性的食物資源之分布。一直以來，在配偶樣式上曾有物種有固有系統之記述，但隨著資源分布的變動，配偶制度也會呈現出動態性的變化。

動物的配偶制度有一夫一妻、一夫多妻、一妻多夫及濫婚等各式各樣。什麼樣的配偶制度比較多，依動物群而異。鳥類一夫一妻制呈現出壓倒性的多數，這是因需孵卵、餵食雛鳥食物、守護巢穴避免遭到天敵傷害等，若是單親的話會有困難。在親鳥離巢的期間，卵或雛鳥難保不會受到天敵的襲擊。另一方面，在母親授乳的哺乳類方面，除了野狼及人類外，一夫一妻制很罕見，反倒是一夫多妻制較多。

昆蟲方面呈壓倒性多數的是濫婚。1 隻雌蟲與多數的雄蟲交配場景在各個種類舉目可見。反之，一夫一妻雖然稀有，但仍有罕見的實例，如黃肢散白蟻這種房屋建築物害蟲，在繁殖期會進行婚飛，雌雄交配後會成雙建造新的群體（**圖 7-11**）。雌雄互相協助的優點為，即使是處在菌類繁多的環境下，藉由相互舔舐清潔身體（Grooming）可預防細菌感染，也可用口互舔進行營養交換。另一優點就是以雌雄成雙養育後代。

一夫多妻的昆蟲也不在少數。茲將動物的一夫多妻制分類如下。

❶守護資源的一夫多妻

❷守護雌蟲的一夫多妻

❸依據雄蟲優劣關係的一夫多妻制

資源守護型的一夫多妻制在蚱蜢、甲蟲、椿象、蝴蝶、蜻蜓等許多昆蟲都可觀察到。例如，產卵場所這種對於雌蟲而言是必備的資源，蜻蜓的雄性必須加以防衛，以避免其他雄蟲入侵，並在此處和到來的雌蟲交配。

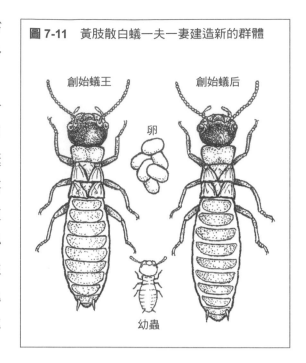

圖 7-11　黃肢散白蟻一夫一妻建造新的群體

創始蟻王　　　創始蟻后

卵

幼蟲

相對的，守護雌蟲的一夫多妻制在昆蟲類則相當罕見。不過，一如 7.3.1 所述，瘤緣椿象這種茄科及旋花等作物的害蟲形成了妻妾成群（harem）的一夫多妻制（**圖 7-12**）。妻妾成群的配偶制度在許多哺乳類也可看到，如獅尾狒等靈長類、高角羚等有蹄類、海狗等鰭足類等。例如，雌海狗在生產時會群集在傳統的特定場所（孤島等）。海狗原本就具有群居的習性，但因適宜生產的場所有限，所以會形成一個非常密集的群體。早雌海狗一步先到達生產場所的雄海狗們為搶佔地盤，經常發生激烈爭鬥，獲勝的個體通常大概有 100 平方公尺左右的勢力範圍，並獨佔群集的雌海狗。

依據雄蟲優劣關係的一夫多妻制，被稱為求偶場（lek）制。Lek 是群體的求愛場所，雄性群集在這個並非產卵場或食物場所的地方，依優先順序，排序高的雄性優先與到此地的雌性交配，形成一種配偶制度。如艾草松雞為有名的鳥類，其強壯的雄雞佔據求偶場的中心，和許多的雌雞交配。昆蟲方面並非獨占，而是在求偶場

圖 7-12　瘤緣椿象的妻妾成群（一隻雄蟲占有多數的雌蟲）

瘤緣椿象♂

中，各自形成小的地盤後，與到來的雌蟲交配。果蠅及瓜實蠅等蠅類為有名的配偶制度。雌蟲稀疏分布著，對於雄蟲而言很難知道雌蟲群集的地方，雄蟲因而聚集在某個場所，形成吸引雌蟲的交配群體。瓜實蠅的雄蟲一到傍晚時分，就到位於瓜類附近，並非寄主植物的草本或灌木的葉子上集合後，每隻蠅在每片葉子的背面佔塊地盤（**圖 7-13**）。這是雄蠅的地盤，其他雄蠅一停在葉上，就用費洛蒙噴向對方，或用前足互毆，進行爭鬥。另一方面，若是雌蟲到來，就釋出費洛蒙求愛，並嘗試騎到雌蟲背上。雌蟲並非對所有的雄蟲都來者不拒，牠會選擇配偶對象後再接納。由於雄蟲的集合場所固定，因此每到傍晚時分，雄蟲就到達特定的灌木等場所集合，形成群體求偶場。對雌蟲而言，發出費洛蒙的求偶場可發揮尋找交配對象的線索功能。熊蟬的雄性也會群集在特定的樹木，集體鳴叫，以引誘雌蟲，這也可視為是一種求偶場。

一到傍晚，路旁經常會產生蚊柱，這是雄蚊的交配群體，稱為蚊群（Swarm）。在蚊群或求偶場中，雄蟲間常為了爭取最有可能與雌蟲交配的場所而爭逐不休。

圖 7-13　由瓜實蠅雄性所形成的求偶場（左）與瓜實蠅的交配（右）

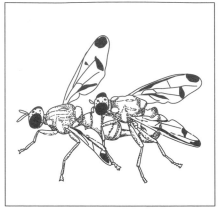

　　一隻雌蟲與多數的雄蟲交配，這樣的昆蟲相當多，這種現象稱為一妻多夫。如上所述，對雌蟲而言，在許多情形下，儘管交配需付出代價，為何雌蟲還要與多數的雄蟲進行多次的交配（多次交配）呢？這問題不一定可究明清楚。像蟋蟀與蚱蜢的雄性所製造的精包富有營養，對雌蟲而言，多次交配具有明顯的意義，但若不是這樣的話，有人認為，是擔心會和不孕的雄蟲交配，為了保險起見；或亦有人認為，對雌蟲而言，多次交配之意義在於留下基因上多樣的後代。

7.5 雌雄的對立──軍備競賽

　　透過繁殖所獲得的利益，有時也會造成雌雄的利害對立。交配對於雌蟲而言會形成代價時，這種雌雄不一致的結果就會產生兩性的對立。在交配次數與可生產幼蟲的數量上，雌雄截然不同。也就是說，雄蟲所能留下的後代數量與交配對象的數量呈正比，以直線式增加，而雌蟲即使與再多的雄蟲交配，自己所能生出的幼蟲數量

仍然不變。雌雄透過交配這個投資行為，以可獲得的後代數量來計算，牠們的報酬截然不同。

　　兩性的對立在廣義的意義上是性選擇的一部分。以前認為雌雄會互相協助養育後代長大，但依據最近利用昆蟲所做的研究明確指出，牠們反而是在繁殖問題上，會因各種情況下的利害關係而互相對立。令人驚訝的是，目前已發現黑腹果蠅的雄蠅在交配時會將毒物送入雌蠅體內。實驗時，將生殖器官燒毀，使雌蟲無法再行交配的雄蟲；或不具精子與精液物質，發生突變的雄蟲；或在交配時僅可送入附屬腺物質，發生突變的雄蟲，讓具有以上這些狀況的雄蟲分別與雌蟲交配。實驗結果，與僅送入附屬腺物質的雄蟲交配的雌蟲，比與其他系統的雄蟲交配的雌蟲壽命短約 1 週。果蠅的壽命約40 天左右，壽命縮短了 7 日影響很大。其次，所實驗的雄蟲備有 3階段不同的附屬腺物質保有量，對與牠交配的雌蟲壽命進行比較。讓雌蟲與可送入更多附屬腺物質的雄蟲交配的結果，雌蟲的壽命縮短了。

　　為何雄蟲會將可與自己交配受精產卵的雌蟲壽命縮短呢？其實由雄蟲的立場來看，即使雌蟲的壽命縮短了 1 週，也幾乎沒有影響。因為果蠅在羽化後 1 ～ 2 週間會產下大部分的卵，而且雄蟲將抑制再交配的化學物質混入精液後送入雌蟲體內，自己的精子幾乎都被用在受精上了。因此，此種的雄蟲在兩性對立上可說是勝過雌蟲。

　　在黑腹果蠅方面，有人認為，初次交配的雄蟲精液為將第 2 次以後交配的雄蟲精子殺死，會產生有毒物質。也就是說，為打贏精子競爭，射精液進化為更具毒性的物質，而其副作用據說會縮短雌蟲的壽命。對於這種精液的有毒物質，雌蟲也進化了防毒性更高的貯精囊內環境。這種雄性有毒物質的強度與雌蟲對於有毒物質抵抗性的強度，可說是因兩性對立引起軍備競賽之顯著例子。已知小翅

瓢簞長龜蟲的雄性精液物質也可使雌蟲的不反應期（Refractory period）（雌蟲不接受交配的時期）延長。這樣就可防止雌蟲再交配，對雄蟲而言這是一種適應上的行為。不過，目前已知精液物質這種效果，若讓不同個體群間的個體交配，經過組合後，會使雌蟲的壽命顯著縮短，具有這般強烈的效果。這也可用雌雄的軍備競賽來說明。

綠豆象雄蟲生殖器上的棘顯著發達，這種棘可防止在交配時陰莖鬆脫，也就是說具有鎖的功能，有助於精子的確實輸送。不過，由雌蟲這一方來看的話，難保不會被這種棘傷到體內，甚至攸關生死大事。雌蟲因而使交尾囊的皮膚變厚實，達成對抗性的進化。這仍可說是一種軍備競賽下共同進化的產物。

7.6 繁殖干擾

昆蟲之間毗鄰分布著，但其中有一部分會重疊，以下假設有 A 與 B 兩種昆蟲。A 種嘗試對 B 種進行某種交配行為，用來妨害 B 種的生殖行為。假如因而使 B 種的適應度降低的話，此稱為繁殖干擾。這種現象經常可看到的是在近緣種之間，一方物種的雄性對另一方物種的雌性錯誤地求歡，或嘗試強迫交配的時候。對於交配對象的雌性物種之認識不完全時容易產生繁殖干擾。在野外對他種雌性嘗試進行強迫交配的實例，如為人所熟知的虎甲蟲類的種間交配，而全球性害蟲南方稻綠蝽與日本原生種的東方稻綠蝽的案例近年來備受矚目。這兩種為同屬血緣相近的物種。任一方的物種雄性都可與另一方的雌性交配。這時無論是如何搭配組合，都不會產生受精卵（**圖 7-14**）。此稱為空包彈的交配。

繁殖干擾對於被干擾的物種之個體群密度及分布會造成很大的影響。在日本群島有異色瓢蟲與隱斑瓢蟲這種同屬血緣相近物種

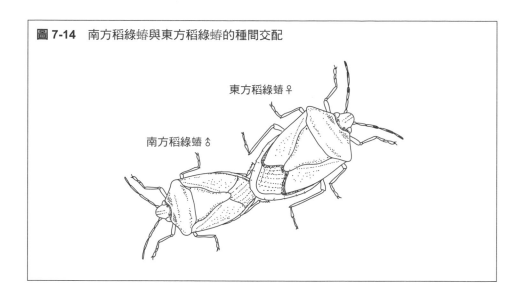

圖 7-14 南方稻綠椿與東方稻綠椿的種間交配

東方稻綠椿♀

南方稻綠椿♂

的分布地區。在這種地區，隱斑瓢蟲主要棲息在松樹上，有人認為這是為了要避開與異色瓢蟲的繁殖干擾。近年來，外來種昆蟲的侵入造成了世界性的問題。侵入的昆蟲由於辨識原生血緣相近物種的系統不發達，無法辨識異種的異性因而進行交配。在這種狀況下，有可能會影響原生種的分布及密度。事實上，因近年氣候暖化，造成南方稻綠椿的分布擴大，原生的東方稻綠椿在某些地區呈現劇減的現象。

昆蟲的群集性與社會性

第**8**章

群集的智慧

昆蟲的群集從開始成立就分成數個群體。首先是由血緣所形成的群體,這是由同一母親所生兄弟姊妹形成之群體,另一個是以親子關係為基礎所形成的群體。後者特別稱為社會性昆蟲。此外,也有非血緣者所形成的群體。

8.1 群集性

昆蟲具有群集的性質,稱為群集性。這是幼蟲的習性,也是成蟲的習性所形成。此外,在生活的各種場面群集而形成。

8.1.1 幼蟲群體之形成

昆蟲塊狀產卵是很普遍的現象。這種情形下,孵化出來的幼蟲自然會形成群體。例如,茶毒蛾的同類幼蟲會在山茶花、茶梅或茶樹等灌木的葉上形成密密麻麻的群體,將頭朝同一方向排一整列進行攝食活動(**圖8-1**)。茶毒蛾的母親是以卵塊產卵,因此,這可稱為兄弟的群體。

目前已知茶毒蛾幼蟲在這小群體中會有因不會啃食而出現死亡的個體。不過,群體中仍有啃食能力強的個體,即使是山茶花或茶梅等堅硬的葉子,牠們也可單獨啃食。幼蟲會形成群體是因啃食能力弱的幼蟲可由啃食能力強的幼蟲所啃傷的葉子處開始吃起。利

124　第8章　昆蟲的群集性與社會性

用這種現象進行實驗的
結果顯示，若預先損傷葉
子表面，也可讓很多單獨
的個體存活下去。且說群
集的昆蟲常呈現非常鮮
豔的顏色。茶毒蛾的幼蟲
長有毒毛，黃色與黑色的
斑駁模樣呈現出非常醒
目的色彩。如前所述，這
是一種警告色，用意在提
醒鳥類等捕食者「我可是
很危險的哦」。攝食群體

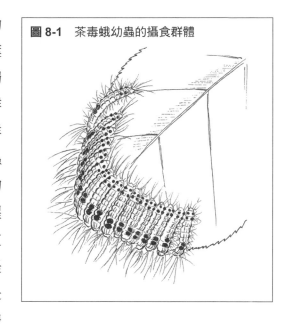

圖 8-1　茶毒蛾幼蟲的攝食群體

的形成，也可在松葉蜂這種可啃食堅硬葉子的葉蜂之一觀察到。一
隻幼蟲開始啃食，其他幼蟲就聚集到四周圍，因而形成群體。這種
攝食群體的形成可視為是對葉子的堅硬度，也就是植物的物理防衛
所採取的對抗策略。

　　不僅是葉子的堅硬度，長在葉子或莖上的尖銳刺棘也是對植食
者的防禦手段。昆蟲的群集也是與這種植物對抗的有效手段，如透
翅蝶科中的一種蝶可啃食充滿刺棘的茄科植物。牠們以群體在棘上
有效率地繞絲，形成安全的立足點後，就可自由地環繞移動。同屬
的血緣相近種類全部是獨居生活，因此，這是這一種類對有棘植物
的物理防禦所採取的對抗策略，顯示出幼蟲進化成群集性。

　　在植物防禦上，也有植物採取將內含種子的莢變厚的手段。在
北美大陸經常可發現一種稱為乳草的馬利筋屬植物，它的莢又大又
厚，以這種種子為食物的長蝽幼蟲，以群體吸汁的方式吸食被封閉
在莢內的種子。吸汁時注入的唾液中含有蛋白酶（蛋白質分解酵素
的一種）等各種消化酵素，藉由群體大量地注入這些酵素，使堅硬

的莢產生化學變化後，再以口器伸到莢中的種子吸食。

瘤緣椿象的 1 齡幼蟲在食用植物葉子的背面，頭朝外側群集（圖 8-2）。頭朝外側組成圓陣，類似麝牛群與野狼對峙時的集合隊形。據觀察，當牠們遭受瓢蟲或蜘蛛等捕食者攻擊時，會留下被捉到的個體，其餘的則是作鳥獸散。幼蟲的群體由兄弟所形成，因此，被捉住的個體即使犧牲自己也要幫助兄弟，而將自己的基因經由兄弟的旁系（bypass）傳給下一世代。這種利他的行動會進化的原因是，在母子及兄弟姊妹這般血緣度高的群體，可視為是一種血緣選擇的產物。群體的形成與遭受攻擊就拼命逃走有密切關係，可更為提高這種稀釋效應（dilution effect）。

不過，幼蟲如何知道遭到攻擊呢？其實這是遭到攻擊的個體會放出臭氣物質做為警戒費洛蒙所發生的作用。四處逃散的個體逃到食用植物的其他場所，在此處再形成群體。感應氣味的接收器位於觸角，若將觸角切斷，就無法形成群體，因此，其中一定涉及某些誘引物質。

有關這方面，目前已查明，十字花科作物之害蟲紅菜蝽會釋放

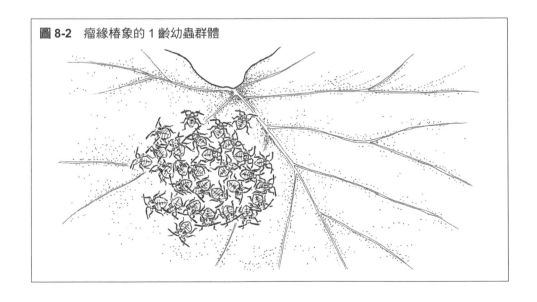

圖 8-2　瘤緣椿象的 1 齡幼蟲群體

出反式 -2- 己烯醛這種臭氣物質，同時依放出濃度的高低而各有不同的作用。也就是說，以高濃度突發性地放出時是做為警戒費洛蒙，以低濃度慢慢放出時是做為聚集費洛蒙的不同作用（**圖8-3**）。瘤緣椿象的情形被認為也是相同的。

這種處理方式也受到社會性昆蟲蟻類所採用。例如，據說切葉蟻類的警戒費洛蒙（4- 甲基 -3- 庚酮）若是低濃度就會互相誘引；濃度若是高達 10 倍以上，螞蟻們就會張開大顎倉皇逃生。

昆蟲的捕食者雖是能幹的獵人，但大多時候並沒那麼容易就可獲得獵物。發現類似食物時，若是飛快地採取獵捕行動，就會成為一種具有高效率的打獵。

被看中的獵物若是大小適中，就是同種的異性也會遭到猛撲襲擊。為了交配而靠近，或已經交配成功的螳螂雄蟲，也會成為體型較大的雌蟲之盤中飧，這就是為人所熟知的同類相食。攻擊大小適中的移動者，是身為一名昆蟲捕食獵人的基本原理。這也是昆蟲類在同心協力進行狩獵行動上難以進化的原因。雖然是少數，但也有

圖 8-3 椿象的臭氣依濃度及放出方式而有不同的作用

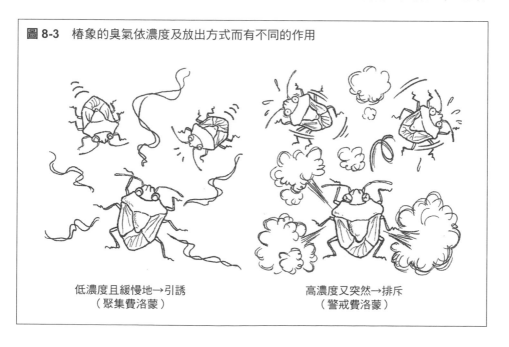

低濃度且緩慢地→引誘　　　　　　高濃度又突然→排斥
　（聚集費洛蒙）　　　　　　　　（警戒費洛蒙）

以群體進行狩獵的昆蟲。

　　有一種稱為度氏暴獵椿的椿象，會將卵塊產在櫻花樹或朴樹等的樹幹凹陷處。孵化的幼蟲在羽化之前會經營群體生活。度氏暴獵椿雖是捕食性，但會以群體生活，被認為有其理由。

　　捕食者以單槍匹馬可捕獲的大型獵物很有限。對大型獵物即使插入口器，獵物若是亂動，也會被抖落。不過，度氏暴獵椿藉由群體的力量，就可獵捕到無法單獨逮到的大型昆蟲（**圖 8-4**）。此外，目前也獲知度氏暴獵椿很耐飢餓。這意味著他們的食物得來不易。捕食者不一定常常可捕得到獵物，很多時候都空手而歸。不過，若是有誰碰巧發現到大型獵物，在附近的其他個體也會集合在一起前往捕獲，打倒獵物，這是沾了同伴的光才有可能做到，也就是說，比起單打獨鬥，群體捕獲獵物的機率提高了。由此也可看到以群體力量使狩獵習性進化的理由。

　　他們並非邊互相合作邊狩獵，更不用說沒有領導者。或許是第一個捕食者以口器刺入獵物時，獵物掙扎抵抗，振動了周邊傳導的結果，才形成群體狩獵。或說不定是由被攻擊的獵物散發出某種氣味所引誘。雖然說不上是互相合作，但形成了群體，結果獲得大型

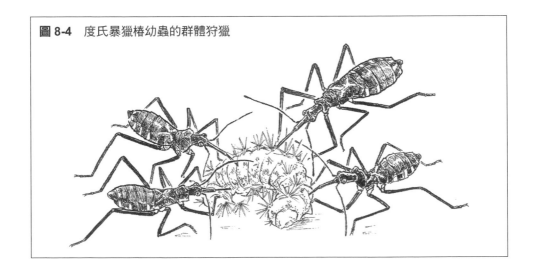

圖 8-4　度氏暴獵椿幼蟲的群體狩獵

的獵物。這是後述稱為群體智慧的自我組織化的產物。同樣地，近年來由於暖化，在北方擴大分布中的捕食性黃邊椿象，也可觀察到這種利用群體狩獵可捕獲大型獵物的現象。

8.1.2 成蟲的群集形成

水黽是椿象的同類，為肉食性，經常可看到牠們成群結隊的一起捕食落到水面上的大型昆蟲。這種群體是因落到水面的昆蟲掙扎形成振動，在水面上傳導，因而聚集而來的個體所形成的群體，並非血緣群體。水黽對於落到水面上的食物所引起的振動，與存在於自然界的各種訊息可加以區別並處理，這是毫無疑問的。

如前所述，棲息於北美大陸的君主斑蝶展開翅膀可長達 10 ㎝左右，英語稱為「Monarch Butterfly（君主斑蝶，又名帝王斑蝶）」，翅膀為橘色與黑色，是美麗又優雅的蝴蝶。幼蟲吃一種名為乳草（蘿摩科馬利筋屬）的毒草，這種毒物是人稱強心苷（cardenolide）的強心配醣體之一種，君主斑蝶進化到可將這種毒變成無毒化，獲得其他昆蟲幾乎無法利用的龐大食物資源。而且，成蟲後還可利用幼蟲時積蓄在體內的毒物保護身體，避免受到鳥類等捕食者的危害。牠們鮮豔的色彩也可說是對鳥類等捕食者的警告色。藉由進化到可利用有毒植物，而可獲得雙重利益。

那麼，鳥類真的不會吃君主斑蝶嗎？美國的 L.P. Brower 進行了實際驗證。他首先以高麗菜為食物，選擇育種出不含強心苷的無毒君主斑蝶。另外，以在野外捕獲的冠藍鴉做為捕食實驗。因冠藍鴉原本並非以蝶類為主食，牠並不會立即捕食君主斑蝶。因此，讓牠短暫絕食後再餵食君主斑蝶，以此方式讓牠捕食。

接著，將體內含有強心苷的君主斑蝶給冠藍鴉吃。由於君主斑蝶的外觀並無兩樣，冠藍鴉立即吃下去，接著開始不斷激烈嘔吐，痛苦了一個多小時，但沒致死。

此處重要的是，君主斑蝶的毒性並未具有將鳥毒死的強烈毒性。因為若是死掉就無從學習了。紮實地學習到恐怖教訓的冠藍鴉，接著即使給予無毒的君主斑蝶，牠也不敢再吃了。捕食有毒君主斑蝶時的痛苦經驗，與君主斑蝶的鮮豔色彩產生連結而學會教訓。

　　像君主斑蝶具有這般毒性的昆蟲為何會具有警告色呢？Brower 的實驗被認為解開了這個謎。不過，卻產生了更進一步的謎題。完全含有強心苷的君主斑蝶個體，僅佔全體的 25％左右。馬利筋所含強心苷的量因個體而有差異，完全不含強心苷的馬利筋也確實存在著。也就是說，鳥類捕食到有毒蝶類的機率並不高。既然如此，學習效果就十分有限了。

　　Brower 注意到君主斑蝶大批成群結隊地遷徙，在越冬場所也會形成大群體，因而進行了實驗統計模擬。結果顯示，即使有毒個體的比率很少，但群體愈大，君主斑蝶的生存率就愈高（圖 8-5）。具有毒物的昆蟲為何屢屢進化成群集的習性，這項研究結果對思考這問題時提供了重要的啟發。

　　一如前述，君主斑蝶一入秋後就往南方遷徙，在傳統的特定場所形成龐大的群體進行越冬。君主斑蝶的越冬場所最有名的是位於墨西哥市附近，標高 3000m 至 3300m 高山的針葉樹林帶。據說有一群體在長有杉木、松樹、柏樹等僅有 1.5 公頃的面積上，就聚集了高達 1425 萬隻的君主斑蝶。

　　據認為，這樣的君主斑蝶的越冬群體對天敵仍存在著防禦上的意味。

　　在琉球群島有一種稱為旖斑蝶的漂亮蝴蝶。經常可發現這種蝴蝶會在風勢較弱的林間群集越冬（圖 8-6）。由於是以蘿摩科的蔓茉莉花這種毒草當食用植物，因此牠們的群集越冬也被認為是和君主斑蝶具有同樣的意義。

8.1.3 利己的群體

有一種說法認為，昆蟲為避免成為獵物而與捕食者對抗，採取成群結隊的原因是想要造成稀釋效果。藉由形成群體，以降低自己被攻擊機率的一種想法。這種效果可期待的原因是，例如，10 隻聚集在一起被發現的機率為單獨 1 隻的

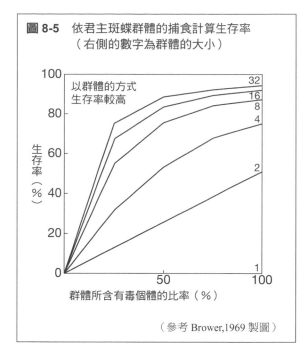

圖 8-5　依君主斑蝶群體的捕食計算生存率
（右側的數字為群體的大小）

以群體的方式生存率較高

生存率（%）

群體所含有毒個體的比率（%）

（參考 Brower,1969 製圖）

1/10，這是毋庸贅言的。

　　這種群體的形成，是想藉由與同伴們在一起，以降低自己被捕

圖 8-6　旖斑蝶的越冬群體

食的風險，因而這種做法可說是基於利己的動機。因此，這種說法的提倡者，同時也是著名的演化生物學家 W.D. 漢米爾頓，將它命名為「利己的群體」。對於這項假說的正確性，有人以實際進行研究加以證明。英國的 P. 瓦特與 R. 傑普曼使用蚊甲蟲在實驗室形成各種大型的群體，並比較捕食魚類對這些群體的攻擊率。其結果顯示，蚊甲蟲群體愈大，攻擊率雖然會愈高，但對每一個體的攻擊率方面，在大群體中的個體則降低了。稀釋效果很顯著發揮了作用。這正是因為捕食魚類的攻擊次數並不會隨著群體個體數的增加而增加的緣故。蚊甲蟲的群體正是利己的群體。

8.2 社會性

昆蟲的社會性可分為亞社會性與真社會性兩種。所謂的亞社會性指的是親子關係，而不是稱為階級（Caste）的角色分工。真社會性是社會生活已高度化發展，在此種社會中有女王、工人、軍隊等階級（Caste）。首先就亞社會性加以說明。

8.2.1 亞社會性

親蟲在一定期間養育自己孩子的生活樣式，稱為亞社會性。符合亞社會性的昆蟲有：由雄蟲保護卵的大田鱉或負子蟲、由母親保護卵及幼蟲並餵餌的土蜂類、螻蛄類、蜂族類；由雙親養兒育女的種類有黑艷蟲類、培養真菌類的小蠹蟲類、木蠊類等。

有一種稱為角盾蜷的椿象，棲息於熱帶至亞熱帶，其母蟲將卵塊產於野桐這種食用植物的葉背，覆蓋著保護，以避免受到螞蟻等天敵的危害。孵化幼蟲時也是用腹部底下守護著（**圖 8-7**）。

這種保護卵的習性在角椿類也經常可見。其中也有如背匙同椿的昆蟲會保護幼蟲至 4 齡或終齡。經實驗確認，若將守護卵塊的親

蟲除去，卵塊就會被棲息在食用植物上的眾多螞蟻吃光殆盡。不僅是卵，連幼蟲也會被捕食者啃食，在這種高危險的情況下，因而發生了延長保護期間的進化。

也有會給予幼蟲食物的椿象。日本朱土椿在地面的落葉下築巢，母蟲會將與自己同等大小的青皮木熟果送到巢穴給孩子們吃（**圖 8-8**）。日本朱土椿在離巢探索食物時會以 Z 字形行走，由視覺訊息監控自己步行的距離與走路的方向，估算之後可知道現在所處的地點，因牠們會使用稱為路徑整合導航系統。蜜蜂及螞蟻等獲得高度社會性的昆蟲也具有這種導航系統。

目前已知昆蟲用來定位自己移動方向的系統，除了從太陽的方位獲得訊息的太陽羅盤外，也可利用天空的偏光角度。夜間也可導航，這也是利用從樹冠洩漏下來的偏光。由森林樹冠（canopy）的位置決定方向，因而命名為樹冠羅盤（Canopy Compass）。昆蟲很明顯可使用各種導航系統，但最終還是要利用巢穴上特殊化學訊號的費洛蒙尋找巢穴。這種利用費洛蒙追蹤路徑的系統，稱為路徑追蹤系統。因此，日本朱土椿可說是使用路徑整合與路徑追蹤系統找到回家的路。

圖 8-7　保護卵塊的角盾椿之雌性成蟲

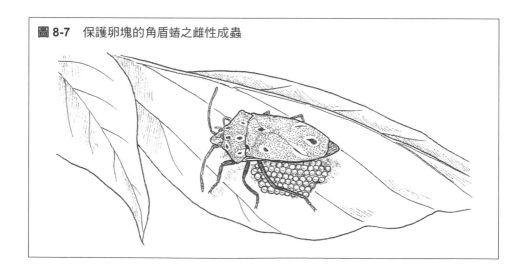

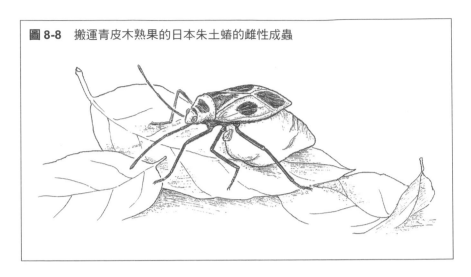

圖 8-8 搬運青皮木熟果的日本朱土蝽的雌性成蟲

同屬土蝽科的三星土蝽，雌性親蟲具有保護卵至幼蟲期間的習性，並會將紫蘇科的圓齒野芝麻及短柄野芝麻運送給幼蟲吃。幼蟲會吸收附在種子上富有醣分物質的油質體（Elaiosome）（**參閱9.2**）。此外，也會產下營養卵供幼蟲攝食。

棲息於農田的負子蟲及大負子蟲的雌蟲會在雄蟲的背上產下50 至 100 個左右的卵。雄蟲在之後約 1 個月期間會守護著背上的卵。與負子蟲同屬田鱉科的水生昆蟲還有大田鱉，其雌蟲將約 70 個卵的卵塊產於突出水面的樁或棒子上，由雄蟲負責守護（**圖 8-9**）。

亞社會性的昆蟲不只是椿象類，在蟑螂、葉蜂、蜂族及螻蛄等各種昆蟲類均可看到，屬於非常普遍的性質。棲息於朽木等的木食性黑褐硬蠊，由一對成蟲與孩子一起共營家庭生活。此外，木蜂的親蜂會照顧子蜂到成蟲。

8.2.2 真社會性

螞蟻、蜂族、狩蜂以及白蟻等社會性昆蟲的複雜群體有負責繁殖的個體，以及本身不具繁殖，只從事工作的個體，這種繁殖的分工正是形成社會的基礎。

圖 8-9　守護卵塊的大田鱉雄性成蟲

　　與前文所述亞社會性迥異的真社會性，是怎麼樣的社會呢？必須具備下述所列 3 個條件。

　　❶同種的多數個體需共同照顧子女（卵、幼蟲、蛹、年輕的成蟲）。

　　❷分為只負責生殖的個體（皇后及國王階級）與不進行生殖的個體（工人及軍隊階級）等階級分工化。

　　❸至少有兩個世代（親世代與子世代）的成蟲個體同住。

　　一般認為，從獨居至真社會性起源為止的進化路徑有兩種。其一為，從親蟲保護子蟲的階段起，產生親子世代共存，接著子蟲留在親蟲巢內幫忙做工，最後親子間產生繁殖的分工，因而被稱為亞社會性路徑。另一個路徑，則如同在部分的長腳蜂及蜂族可看到，同世代的許多雌蟲個體在同一個巢內開始共同育兒，其次在同世代產生個體間的繁殖分工，最後在世代間產生繁殖分工的行為，因而被稱為半社會性路徑。不論哪一進化路徑，前述社會性的 3 條件全部符合的時間點才能視為真社會性。

　　屬於真社會性的昆蟲為：膜翅目的蟻與蜂、全部的白蟻、半翅

目的蚜蟲、纓翅目的一部分、培養真菌類的小蠹蟲（Ambrosia beetle 美食甲蟲）、多胚生殖的跳小蜂等，各自獨立進化。特別是蜜蜂進化成高度的社會體系。不僅存在著女王蜂、雄蜂和工蜂的階級，工蜂中再發展成分工體制。剛羽化的蜜蜂首先要從清潔巢穴開始，不久要負責照料幼蟲，最後是外出採集花粉與花蜜的「外勤」工作。其中也有在蜂巢前擔任監視敵人的「守門」蜂。總而言之，工作會依年齡而異動（**圖 8-10**）。讓人以為所有的蜜蜂都很忙碌，但令人感到意外的是似乎並非如此，據說其中也會有偷懶的個體，工蟻中約有 8 成會呈現發呆的狀況。因在無法預測的環境中，不一定總是可以發現食物，為了隨時可以臨機應變，「並不是每隻螞蟻每天都在努力工作」，保留實力相當重要。

且說真社會性如前所述只有昆蟲進化，其理由迄今仍爭論不休。第一個理由是提倡「利己群體」的 W.D. 漢米爾頓的「血緣淘汰說」。漢米爾頓認為，蜜蜂及螞蟻等社會性膜翅目昆蟲，其雌蟲係雙倍體（由受精卵所生），相對地，雄蟲則是單倍體（由未受精卵所生）。

具有這種特性的情形時，母親與女兒的血緣係數（基因的共有

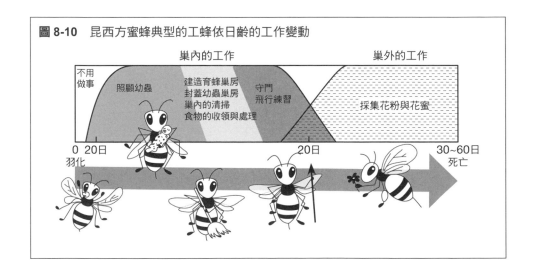

圖 8-10 昆西方蜜蜂典型的工蜂依日齡的工作變動

巢內的工作　　　　　　　　　　　　巢外的工作

不用做事

照顧幼蟲

建造育蜂巢房
封蓋幼蟲巢房
巢內的清掃
食物的收領與處理

守門
飛行練習

採集花粉與花蜜

0　20日
羽化

20日

30~60日
死亡

機率）為 1/2，同父母姊妹之間平均之後達 3/4。另一方面，同父母的兄弟則為 1/2，兄弟與姊妹間，由前者看來是 1/4，由後者看來只不過是 1/2。也就是說，最初的女兒成熟了，而母親仍繼續產卵，這種幾個世代同時期生活的物種之情形時，與其由女兒自己產卵養育兒女，不如與母親一起照顧妹妹，才更有利於自己基因的存續。漢米爾頓因而認為，在膜翅目中所選擇的階級性狀，特別是勞動個體都是屬於不孕性（不產卵）乃是必然的。這種假說被認為是「3/4假說」（圖 8-11）。血緣選擇說認為，利他行為係內含適應性（Inclusive fitness），也就是說，藉由幫助近親者（母親及姊妹）所增加的適應性，會施加在某個個體的適應性上，可視為係一種使適應性增大的策略。此假說以具有單倍兩倍性（Haplodiploidy）的性別決定（sex determination）之膜翅目，而可合理地解釋許多真社會性所出現的事實。此外，與膜翅目具有同樣性別決定的薊馬類同類之 Acacia 管薊馬也發現過軍隊階級，有利於這項假說。

白蟻也進化成高度真社會性，但白蟻的雌雄均為二倍體，親子間與兄弟姊妹間的血緣係數均為 1/2，不適用 3/4 的假說。因此，漢米爾頓所提的是「近親交配說」。他認為白蟻群體所發生的近親交配是社會性進化的要因。白蟻的情形，蟻后（母親）或蟻王（父親）一死，其子代幼蟲（工蟻或若蟲（nymph））發育成補充繁殖蟻，與另一存活著的親蟻交配。白蟻群體的壽命相當長，近親交配若可好幾代一直持續下去，群體成員的血緣係數將會很高。如此的話，相對於兄弟姊妹的血緣係數，都比自己的後代還高，因而促進了兄弟姊妹間利他行動的進化，其結果與階級分化（caste differentiation）密切相關。

不過，最近發現了黃肢散白蟻的蟻后巧妙地區分出有性生殖與無性生殖，將繼承的蟻后以孤雌生殖產生，其他的工蟻及有翅螞蟻則以有性生殖產生（圖 8-12）。黃肢散白蟻的蟻巢是由蟻后與蟻王

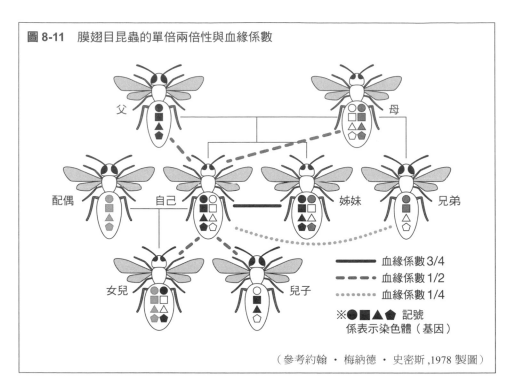

圖 8-11　膜翅目昆蟲的單倍兩倍性與血緣係數

父　　　　母

配偶　　　自己　　　　　　姊妹　　　兄弟

女兒　　　兒子

—————　血緣係數 3/4
－ － － －　血緣係數 1/2
· · · · · · · ·　血緣係數 1/4

※●■▲⬠ 記號
係表示染色體（基因）

（參考約翰 · 梅納德 · 史密斯,1978 製圖）

所築，蟻巢若變大時，就會出現好幾隻新的蟻后（補充繁殖蟻）來取代衰老的蟻后，繼承繁殖。繼位的二代蟻后是以孤雌生殖所產生，由此可知蟻后在死後仍然不斷地製造出自己的複製品。此外，因蟻王與二代蟻后並無血緣關係，如此可以迴避因近親交配所產生的弊端。「近親交配說」面臨必須徹底重新檢討。

　　最近終於查明了黃肢散白蟻區分有性生殖與無性生殖的區分結構。昆蟲卵的表面開有可讓精子通過的小孔，稱為卵孔，黃肢散白蟻的卵平均開有 9 個小孔。不過，已知卵孔的數目會有變化，有孔時為有性生殖，完全無孔時為孤雌生殖。目前已確知白蟻的蟻后通常以有性生殖生產工蟻及有翅螞蟻，而在老化死前開始生產無卵孔的卵，繼承自己的蟻后是以孤雌生殖產生。

　　上述無論哪一假說，其共通之處就是，群體血緣係數的不均衡可視為是社會性進化的要因。另一假說「親蟲操控子蟲說」，與上

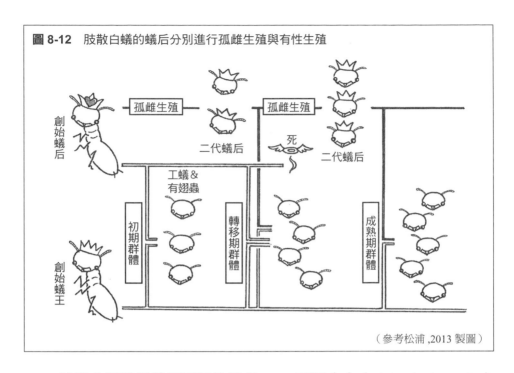

圖 8-12　肢散白蟻的蟻后分別進行孤雌生殖與有性生殖

孤雌生殖

孤雌生殖

創始蟻后

二代蟻后

死

二代蟻后

工蟻＆有翅蟲

創始蟻王

初期群體

轉移期群體

成熟期群體

（參考松浦,2013 製圖）

述這些假說採截然不同的思考。R · 亞歷山大（Richard Alexander）認為，親蟲會強迫自己一部分的後代做為自我犧牲的利他者，因而進行這種操控的行動。自己不能繁殖的工蜂也可能想要多少盡點力量來提高適應性，而不得不照顧兄弟姊妹。其結果，適應性若提高，進行操控的這種親蟲的基因就會被選擇，就是這樣的一種說法。

另有一種自古以來就有的說法，那就是「共生動物引渡說」，白蟻會與各種微生物進行共生生活。低等白蟻會讓很多原生動物與細菌共同住在後腸道內，而即便是可自行分解纖維素、具有消化酵素的高等白蟻，也會讓大量的細菌居住在後腸道內（**圖 8-13**）。原生動物及細菌可分解纖維素等，對於白蟻的消化上發揮了重要的功能。因此，將這種關係稱為「消化共生系」。

當白蟻蛻皮時，會將原生動物驅逐出去，因此，必須吃其他個體的糞便來補充細菌的功能。白蟻的祖先被認為是木食性的蟑螂，

為了補充原生動物及細菌，亦可認為開始於蟑螂的亞社會性，然後再進化到白蟻的真社會性。

此外，也發現了蚜蟲類存在著真社會性。在毛莨癭蚜的血緣相近物種中發現了不孕（無法蛻皮成2齡）軍隊型的階級（圖8-14）。迄今已有200年以上的時間認為只有膜翅目與白蟻才存在著真社會性，因此，這是世界性的大發現。蚜蟲行孤雌生殖，具有生產女兒的習性，此時，女兒會成為母親的複製品。蚜蟲善於形成群體，為血緣係數相當高的群體，因此，即使進化成真社會性也並非不可思議。

在昆蟲以外的節肢動物方面，短脊槍蝦進化為真社會性，而令人訝異的是，哺乳類齧齒目的濱鼠科也在進化為真社會性。稱為裸鼴鼠的老鼠棲息在肯亞、索馬利亞、衣索比亞等東非洲的土中，牠們會挖掘長達數公里的網目狀隧道，在裡面生活，宛如鼴鼠科的動

圖8-13 在白蟻的後腸道內共生的各種原生動物（鞭毛蟲）

（參考安部,1989 製圖）

圖 8-14　毛茛癭蚜近緣種的軍隊型 1 齡幼蟲

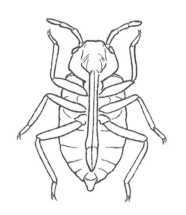

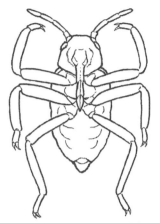

具有一般口器的1齡幼蟲　　　　　　短口器的軍隊型1齡幼蟲

（參考青木,1984 製圖）

物。為了挖掘洞穴，長有巨大的齙齒、幾乎無毛的鬆弛皮膚、小眼睛與退化的耳廓，這些都是為了適應地中生活的結果。啃食地中植物根部的這種哺乳類，與白蟻同樣需靠腸內共生微生物的幫助才能分解纖維素。據說繁殖個體的工作是生產養育後代，非繁殖個體則擔任隧道的維護及防衛等工作。

　　真社會性在昆蟲與哺乳類兩個相差懸殊的物種上，是如何獨立進化呢？當然眾說紛紜。既有認為在巢內生產的個體大多留在同一巢內，成為工人或繁殖個體，提高了個體間的血緣係數，因而促進了伴隨利他行動的真社會性之進化，也有一如前文介紹過的「親蟲操控子蟲說」。

　　如上所述，真社會性在演化支上分開的分類群，各自獨立發展，比較這些物種的生活史及遺傳構造，探索其共通點，對於了解真社會性起源的必要條件來說，非常重要。

8.2.3 自我組織化

在社會性昆蟲的研究方面，約從 10 年前起就備受矚目的是「自我組織化」的概念。例如，集團欲建造建築物時，人類與社會性昆蟲之間，在形成共識的過程有決定性的差異。例如，興建高樓大廈需有綿密的設計圖，以總負責人為首，在每一部門設有主管，每個作業人員的必須確實地遵照由上而下的指示從事工作（**圖 8-15**）。另一方面，建造龐大的白蟻巢時，當然沒有設計圖，每隻工蟻也不瞭解整體的狀況。依據單純的內部規則與局部的訊息，工蟻各自重複行動的結果，複雜且精密的蟻巢及蟻道就可興建完成。這種案例稱為自我組織化系統。這是沒接收外來的指令，自己建構出組織與構造，屬於自然所具有的基本性質，近年備受矚目的自然現象。生物以 DNA 為設計圖，以未具機能的原材料建造出具有機能的組織、在腦內產生複雜的神經電路之構築、像雪般漂亮結晶的生成，以及由分子進行高層次結構的構築等，這些全都是自我組織化所形成的行為。有關這種模型湧現（emergence）的架構方面，設計工程學以迄機器人工程學等各種領域的研究者均十分關注。

自我組織化可說起初只是組織系統下層眾多要素之間的相互作用，最後湧現出形成系統全體階層模型的一種過程。此處所謂的湧現乃指不限於構成要素所具有的性質單純之合計性質，而可說是全體的展現。

由自我組織化系統產生出某種模型時，首先，群體之要素在時間與空間並未形成均一，也就是說，必須存在著「不安定」的狀態。這種初期的不安定狀態藉由個體間相互作用的正回饋（positive feedback）而增大，各個要素邁向特殊化。例如，在白蟻巢的建造方面，某個個體塗上由唾液與泥土混合後所製成的水泥時，這種訊息變成刺激，引起其他個體跟著做出塗上水泥的行動。這就是一種

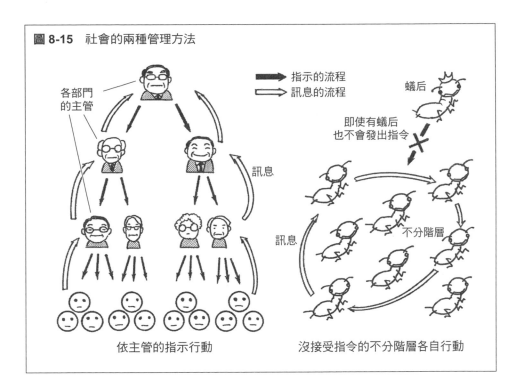

圖 8-15　社會的兩種管理方法

各部門
的主管

指示的流程
訊息的流程

蟻后

即使有蟻后
也不會發出指令

訊息

訊息

不分階層

依主管的指示行動

沒接受指令的不分階層各自行動

正回饋機制。反之，一定以上的訊息累積後抑制了下次的行動，由
於這種負回饋的作用，抑制了不安定的增幅，模型因而被導向某種
穩定狀態。

　　透過自我組織化系統，單純構成要素因局部的相互作用，導致
產生出複雜模型的現象，在工程學領域稱之為「群體智慧（Swarm
intelligence）」，將著眼於此並應用於人工智慧技術的研究已不計
其數。最後，就實際所觀察到的螞蟻之群體智慧加以介紹。

8.2.4　群體智慧

　　螞蟻和蜜蜂同屬膜翅目，在進化的過程，由蜜蜂分化出去。蜜
蜂會飛行，而且視覺發達，可在遼闊範圍採集食物。相對地，螞蟻
失去了翅膀，只能在地面步行，而且視覺也不怎麼發達。不過，螞
蟻觸角上的化學感應器相當靈敏，不只是白天，就是在晚上或漆黑

的巢穴中也能憑著化學的訊號進行活動。不僅可辨識飄浮在空氣中的揮發性物質，也就是說，不僅可辨識氣味，還可用觸角碰觸，辨識不可揮發性化學物質（contact chemical）也會產生反應。觀察螞蟻在地面步行的樣子，可發現牠經常利用觸角碰觸地面及碰見的物體。

　　四處覓食的螞蟻從探尋其他螞蟻留下的蹤跡費洛蒙（trail pheromone）當中，不久就可找到前往食物場所的捷徑。為什麼呢？走捷徑的螞蟻比起繞遠路的螞蟻往返巢穴的次數變多了。其結果，在這條路線上沿路分泌並塗上的費洛蒙比其他路線還多，巢內其餘的螞蟻被這種費洛蒙所引誘，開始探尋這條路線。如此一來，這條路線的費洛蒙的蓄積就會愈來愈多，全部的螞蟻就都選擇了這條道路（**圖8-16**）。繞遠路的費洛蒙不久就蒸散掉，螞蟻也就不會受到引誘了。不過，若只給予先前繞遠路的路線，由於這條路線已蓄積費洛蒙，就算之後再給予短的路線，螞蟻也不會走這條捷徑。螞蟻完全以費洛蒙做為溝通的手段，只不過就像機器人那般被操控著。絕不會去「思考」哪條路才是最短的。

　　如上所述，螞蟻以個體階層探尋費洛蒙，以這種極為單純的原理行動；另一方面，在群體階層則找出距離食物場所最短的路線來解決難題。社會性昆蟲運用群體所獲得的這種性質，就是典型的群體智慧。社會性昆蟲在採集食物上的群體智慧，以所謂的費洛蒙這種溝通手段做為介面，可說是一種「自我組織化」的產物。

　　工蟻有將幼蟲集中在一個地方的習性。布魯塞爾自由大學的J.L. 德涅布爾等人做了一項螞蟻機器人的實驗。❶螞蟻一發現幼蟲，就將牠叼起來。❷在叼著幼蟲的狀態下，發現其他幼蟲時，就將叼著的幼蟲放在旁邊。設定這種簡單的條件，實際製作成機器人進行實驗。這螞蟻機器人裝有簡單的感應器。另外，模擬幼蟲形狀做成寬 2 ㎝的積木備用。感應器一感測到積木時，就用手臂去抓，

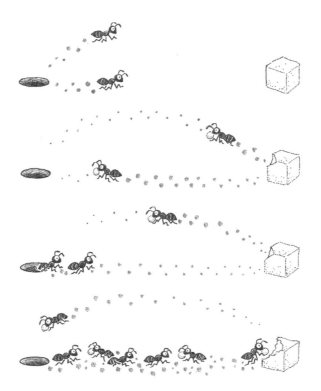

圖 8-16 螞蟻的最短路線探索方法

將近路與繞遠路相較，往返都是走同一近路的螞蟻先回到巢內，在這條路線上，沿路被塗上很多費洛蒙。其他的螞蟻被這種強烈的費洛蒙所引誘，紛紛朝這條捷徑前進，這條路線的費洛蒙的蓄積就會愈來愈多，結果就被選為最短的路線。不被利用的繞遠路線，塗在上面的費洛蒙原本數量就很少，時間一久就會蒸發消失掉，螞蟻也就不會利用了。

發現另外的積木時，就將抓著的積木放開，只給予這麼簡單的規則。有一次，機器人誤以為另一個機器人是積木，而將自己抓的積木放掉。另一方面，另一個機器人看到積木突然出現在眼前，就伸手去抓它。結果，發生了「交接」一乍看之下像是高度的社會性行動。雖然並沒有對機器人發出「蒐集積木」的指令，但它們似乎有意地進行共同作業而產生這種行為。

大概很多人都曾看過一堆螞蟻在共同搬運大型獵物的景象。有

利用好幾個機器人重現螞蟻行動的實驗。將機器人程式設計為搜尋物體、碰觸，以及移動物體，使物體在自己與終點之間，然後推動物體朝向終點前進。即使是如此簡單的程式設計，其動作也和實際的螞蟻群體十分相似。每個機器人的力量都很小，但這些機器人最後還是將大型的物體運抵終點，完成一件浩大的工作。

環顧整個昆蟲類，螞蟻可說是繁衍最為旺盛的昆蟲。依據偉大的螞蟻學者愛德華 • 威爾遜（Edward O. Wilson）指出，螞蟻繁衍旺盛主要是依靠進化成社會性。藉由擁有的組織力量，在生存競爭上打贏了不經營社會生活的獨居性昆蟲。

由於昆蟲具有複雜且優異的社會性，螞蟻與蜜蜂的社會性屢屢被拿來與人類社會相比較。不過，這種比擬是錯誤的。昆蟲的頭腦只有人腦的 10 萬分之 1 而已。只是單純的頭腦，因此只能進行單純的行為。儘管如此，牠們藉由形成群體完成漂亮的工作。也就是說，螞蟻與蜜蜂的社會性完成了單純的工作。這是憑藉著基因嚴密的固定化，與以之為前提的群體智慧才形成的。

伽利略 • 伽利萊（Galileo Galilei）的名言：「對人類智慧而言，大自然實在令人歎為觀止，祂以最容易與最單純的方式行之」，道出了群體智慧的本質。

昆蟲的共生

昨天的敵人是今天的朋友

第 **9** 章

在自然界中具壓倒性存在的昆蟲類，必然會與其他生物締結各種生物間的相互作用。前文已就植食、捕食與被食、寄生及擬寄生等方面詳加說明。昆蟲的生活及進化，若抽去與牠們彼此間產生相互作用的生物就無法說明了，讀者想必已經瞭解其重要性。另一個做為生物間相互作用而極為重要的就是共生關係。昆蟲在進化的路上也和寄生於昆蟲的線蟲類、昆蟲媒介的植物病毒、瘧原蟲等的微生物具有密切關係。本文介紹幾個這種關係，藉以顯示出昆蟲如何一面與其他生物保持深厚關係，一面進化。

9.1 授粉共生

有關昆蟲與植物的共同演化（Coevolution）關係前文已屢屢述及。被子植物綻開鮮豔的花朵吸引蝶類、蜂族類、甲蟲類等前來，請牠們媒介花粉，而給予花蜜當報酬。另外，不僅是花蜜，花粉對於蜂族類的幼蟲也是很好的食物。兩者形成互利互惠關係，一路走來共同演化。

在白堊紀發生生物學上最重大事件就是出現被子植物。昆蟲大舉往空中進出與被子植物出現的時期一致，這並非只是單純的偶然。種子植物之中的被子植物利用可在空中四處飛行的昆蟲，因而可以有效率地授粉。在昆蟲類方面，則蒙受植物提供的花蜜及花粉

等食物資源的恩典良多。

　　昆蟲與植物的共同演化關係，在花粉傳播者（pollinator）與顯花植物之間已發展到極限。其中有名的例子為馬達加斯加產的大彗星風蘭花，它的蜜腺很長，與有超長口器的馬島長喙天蛾剛好是天生一對（**圖9-1**）。由於達爾文已預知會有這種蛾存在，因而俗稱為「達爾文之蛾」。此外，某種蘭花同類會開出長得與蜂、虻一模一樣的花朵而為人所熟知。這是偽裝成雌蟲，藉以引誘雄蟲來傳播花粉，是一種很巧妙的適應（**圖9-2**）。據說這種花朵也會散發出類似雌蟲所發出的費洛蒙的味道。這般精心設計的型態令人難以置信，這是一種化學方式的擬態，透過自然選擇的共同演化下之產

圖9-1　長喙天蛾（達爾文之蛾）與馬達加斯加島產的蘭花

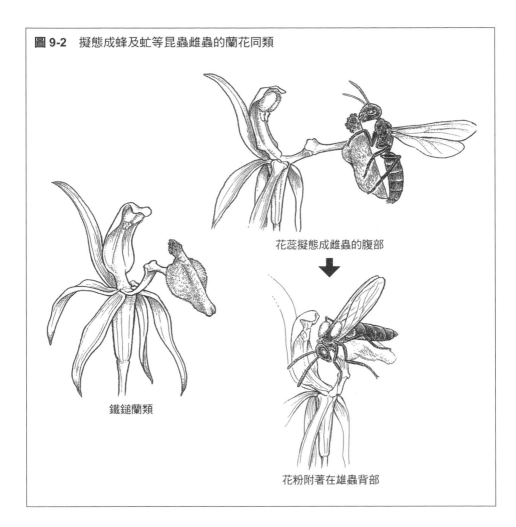

圖 9-2　擬態成蜂及虻等昆蟲雌蟲的蘭花同類

花蕊擬態成雌蟲的腹部

鐵鎚蘭類

花粉附著在雄蟲背部

物。

　　授粉共生中，有一種共生是若無另一方就無法繁殖，關係緊密地結合在一起，此稱為絕對授粉共生。例如，無花果有無花果小蜂寄生，其幼蟲在無花果花囊（**圖9-3**）的封閉花序中啃食種子長大。雄蟲無翅膀也無眼睛，一生都在無花果中度過。這種無花果小蜂的雌性成蟲與在同一花囊中羽化的雄蟲交配後，沾著花粉的身體進入其他無花果的花囊中，將卵產在雌蕊上，於此時進行授粉。因無花果的花位於花囊中，無法由其他昆蟲傳播花粉。

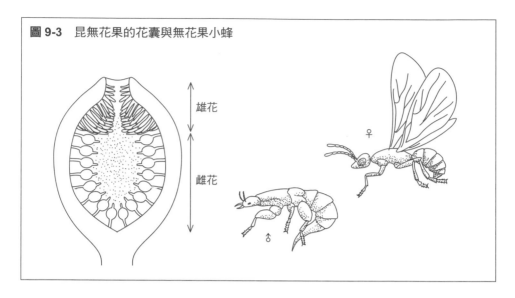

圖 9-3　昆無花果的花囊與無花果小蜂

雄花

雌花

♀

♂

　　無花果小蜂寄生在無花果的果實，無花果與無花果小蜂原本是
敵對關係，但無花果與無花果小蜂互相依存，若無另一方就無法繁
衍後代，進化成絕對的共生關係。

　　與授粉有關的植物與昆蟲的共同演化，歸根究柢就是因昆蟲獲
得飛行能力，可開始進出空中這 3 次元空間的緣故。野生植物的繁
殖大部分需依賴花粉傳播者，而作物則約有 66 ％（做為食物約
30 ％）需依賴花粉傳播者。昆蟲做為花粉傳播者在自然生態體系與
農業生態體系中為不可或缺的角色。

9.2　螞蟻共生

　　螞蟻從誕生迄今已有約 1 億年，對陸上生物的影響至深且鉅。

　　螞蟻與蚜蟲的互利共生非常有名（**圖 9-4**）。螞蟻伴隨著蚜蟲
的群體，蚜蟲可讓螞蟻取食其分泌的蜜露（排泄物），相對地，螞
蟻則會替蚜蟲擊退捕食者，如瓢蟲類、食蚜蠅類及蚜蛉類。這種關
係的確會令人以為其中充滿著歡樂，其實這是誤解下的產物。因螞

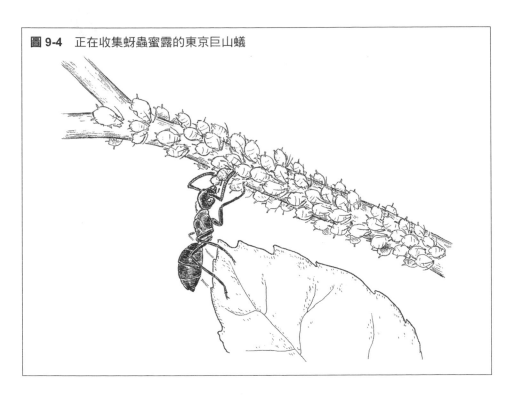

圖 9-4 正在收集蚜蟲蜜露的東京巨山蟻

蟻會用口傳遞食物並互相餵食，因而這是螞蟻將蚜蟲的尾端誤認為是螞蟻頭部（**圖 9-5**）所產生的美麗誤會。

　　此外，螞蟻與蚜蟲的關係並非一成不變。蚜蟲的蜜露品質若因氮等植物成分不佳而變差時，螞蟻不僅不會保護這種攝食品質不良植物的蚜蟲，還會反過來吃掉蚜蟲。螞蟻與其攝食品質不佳的蜜露，還不如捕食營養豐富的蚜蟲才是上策。透過這種代價與獲益的關係，顯示出螞蟻與蚜蟲的關係很容易就從互利共生轉變為捕食與被捕食的榨取式關係。

　　螞蟻與蝴蝶的共生也為人所熟知。灰蝶的幼蟲大多與螞蟻共生，幼蟲會由蜜腺分泌出富有醣分與胺基酸的蜜給螞蟻吃。螞蟻收到蜜後提供的服務是守護灰蝶避免受到天敵的危害。在這種關係中，因灰蝶與螞蟻均獲益，為互利共生的一種。例如，黑灰蝶的幼蟲在若蟲齡時會攝取蚜蟲的分泌物，到 3 齡時，就會由背側的蜜腺

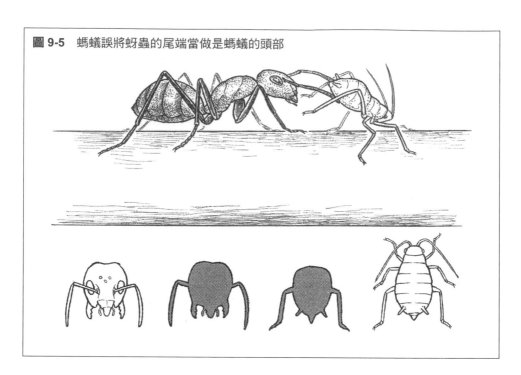

圖 9-5　螞蟻誤將蚜蟲的尾端當做是螞蟻的頭部

　　分泌出螞蟻所喜食的蜜，這時，大黑蟻會用觸角敲打黑灰蝶的幼蟲，開始不斷要求提供蜜。這種蜜中含有甘氨酸，為海藻糖與胺基酸的一種。已知黑灰蝶幼蟲與大黑蟻這種組合對於大黑蟻的味覺會產生特殊作用，使牠的攝食反應增加。最後，大黑蟻還會將黑灰蝶幼蟲攜入自己的蟻巢中收養。另一方面，黑灰蝶會模仿螞蟻的氣味，一般認為這是模仿螞蟻的化學擬態。幼蟲在蟻巢中約棲息 10 個月，到春天時，就在蟻巢的入口處附近羽化，羽化後就離巢而去。

　　不過，黑灰蝶與螞蟻的關係並不僅是互利共生。有一些種的灰蝶一生大半都在蟻巢中度過。在蟻巢內還會捕食螞蟻的幼蟲，搶奪群體內的資源，對於螞蟻而言可說一點好處都沒有，這是一種寄生。在日本有胡麻霾灰蝶、大斑霾灰蝶、塔銀線灰蝶及黑灰蝶等 4 種灰蝶寄生於螞蟻巢中而為人所熟知。

　　在熱帶，有很多植物被稱為螞蟻植物。例如，有一種稱為塊莖蟻巢木的植物會用根緊緊纏住其他樹木，並讓螞蟻住在塊莖中（圖

9-6）。植物提供螞蟻居住，螞蟻回報的是守護植物避免受到植食者的危害，以及螞蟻的排泄物可做為植物的養分。有些品種的刺槐（Acacia）會讓螞蟻住在棘中，並從蜜腺提供蜜露給螞蟻，螞蟻則負責驅趕來食用葉片的昆蟲等。

　　在熱帶有相當多的植物會從花外蜜腺分泌醣分來吸引螞蟻。於是，螞蟻就會在植物的周邊巡邏，直接或間接地阻礙植食性昆蟲的活動。對於生長在日照場所良好的植物而言，供給螞蟻這種光合產物的醣分綽綽有餘。植物可善加利用這種剩餘的產物進行防衛。根據在熱帶巴拿馬所做的調查指出，樹木及蔓藤類植物的 1/3 左右均長有花外蜜腺。

　　在身旁的雜草中，如窄葉野豌豆也用花外蜜腺來吸引螞蟻。像這種利用螞蟻來防禦植食者的植物不勝枚舉。園藝種的芍藥花蕾也用蜜腺來吸引蟻類。蟻類在生態體系中的地位舉足輕重。

　　有一種稱為「螞蟻散播」的現象。紫羅蘭類、豬牙花、寶蓋草、短柄野芝麻等植物的種子需透過螞蟻來散播。為了讓螞蟻運送，在種子表面附有稱為油質體（Elaiosome）這種富含油酸、穀胺

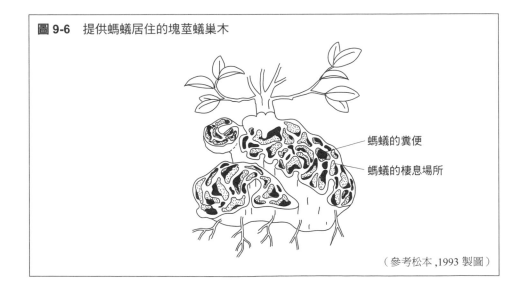

圖 9-6　提供螞蟻居住的塊莖蟻巢木

螞蟻的糞便

螞蟻的棲息場所

（參考松本,1993 製圖）

酸、蔗糖等之物質來引誘螞蟻。螞蟻將種子搬運到蟻巢中，只將油質體取下，種子就丟棄在蟻巢附近的垃圾場。已知這是有利於螞蟻的事，但對植物有何利益呢？若螞蟻將種子搬運到遠處，或許有其意義，但螞蟻並沒有將種子搬運到很遠的地方。或許種子被螞蟻丟到垃圾堆，萌芽的營養條件便足夠了；或種子被搬到蟻巢內，可避免被捕食者捕食；或因螞蟻喜好築巢的隙縫（gap）（在森林中樹木倒下後日照良好的場所）是在明亮的場所，對於喜歡明亮場所的紫羅蘭等植物最為適合等，各種說法紛陳，但真正的原因仍不清楚。

9.3　與微生物的共生

　　自然界中充滿了細菌及絲狀菌等微生物。這些微生物與昆蟲也結下了解不開的共生關係。

　　小蠹蟲就如其名，是一種會啃食樹木、體長最多不過 5 mm 左右的微小甲蟲同類。牠會在樹木上挖掘洞穴後，在裡面進行攝食與繁殖。此時，樹木也會採取對抗的防衛，產生出樹脂，使洞穴中的昆蟲不能移動，或以苯酚、單萜等具有毒性的化合物予以擊退。小蠹蟲的數量若是不多，這種防衛就很有效。相對地，小蠹蟲若對雌雄同伴都發出聚集費洛蒙，呼朋引伴而來，眾多的個體就會一起攻擊，而且菌類也伴隨著發生作用，樹木就會因而致病衰弱。小蠹蟲的成蟲在前胸的背板上大多具有許多像口袋的構造（**圖 9-7**），牠將菌類的孢子放在這種構造內攜帶著走。使樹木衰弱或凋萎，這種真菌功不可沒。這種真菌的菌絲原本是小蠹蟲的食物，但因真菌也被小蠹蟲攜帶著走，因可在衰弱的新寄主樹木上增殖，小蠹蟲與真菌可說是一種互利共生關係。

　　形成植物構造的纖維素在自然界含量豐富，但卻是一種極難分解的物質。也就是說，就算食用了也難以消化，若是沒經過分解就

沒有營養。不過，若能利用這種取之不盡、用之不竭的食物資源，對於繁殖一定極為有利。而成功分解纖維素的昆蟲就是白蟻類。

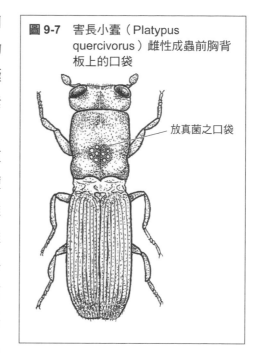

圖 9-7 害長小蠹（Platypus quercivorus）雌性成蟲前胸背板上的口袋

放真菌之口袋

在低等白蟻類的後腸道內共生著各種原生動物（鞭毛蟲類），牠們會分泌纖維素酶（Cellulase）來分解纖維素（**參閱圖 8-13**），此稱為消化共生。據說在日本分布最廣泛的黃肢散白蟻，與其共生的原生動物共有 5 屬 11 種。

近年來發現黃肢散白蟻與稱為菌核真菌的一種絲狀菌有密切關係。黃肢散白蟻的工蟻會將蟻后所產的卵搬到蟻巢中央的一處地方照料，在卵群上明顯地混有球狀的褐色物體，因而取名為白蟻球（termite ball）（白蟻的英語為 termite）（**圖 9-8**）。之後獲知這就是新種的菌核真菌的菌核，由白蟻的工蟻運進去。工蟻以為這是蟻后所產的卵，因而將菌核一起運進去。這是什麼原因呢？

在白蟻卵的表面附有卵辨識物質（由卵所產生出的費洛蒙的一種），工蟻用這種物質來辨識是否為蟻后所產的卵。而這種菌核的表面其實也有著相同的物質。因此，工蟻就被欺瞞了。此外，工蟻以口銜著橢圓形卵的短軸部分，而這短軸與菌核的直徑約略相同。這是一種物理方式的擬態。也就是說，工蟻同時被化學性與物理性所欺騙，因而將菌核搬了進去。

那麼，菌核真菌為何要欺騙白蟻呢？當然是為了寄生在白蟻的

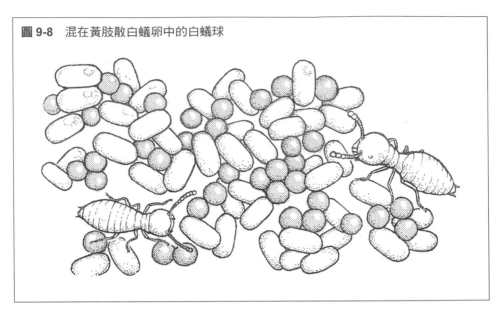

圖 9-8　混在黃肢散白蟻卵中的白蟻球

卵上。白蟻巢不僅是菌核真菌的繁殖場所，在蟻巢分巢時由於白蟻搬運菌核，而可擴大分布。不過，經過長期的交往，兩者產生了互利共生關係。在極易染病的狀況下，若有菌核存在，有時亦可提高白蟻卵的生存率。因為在菌核的表面長有抗菌物質而可對抗其他的菌類，卵就不易受到巢內雜菌的入侵。這顯示出白蟻與細菌有時可形成互利共生的關係。

　　近年來，日本產業總合技術研究所的研究團隊以椿象為主要材料，研究與其體內共生微生物之關係，陸續獲得了許多饒富趣味的研究成果。例如，獲知大豆害蟲丸椿象腸內所棲息的共生細菌可合成丸椿象在成長及繁殖上所需的養分。丸椿象將共生細菌納入腸內的方法非常不一樣。雌性親蟲將封入共生細菌的囊（capsel）產在卵塊的下側，孵化的幼蟲就以口器吸收這囊內的內容物，以攝取共生細菌。以大豆飼育的丸椿象，與非大豆飼育的台灣大椿象，將兩者的囊互換，台灣大椿象可用大豆飼育，而丸椿象就無法飼育了。這項研究顯示出，依腸內共生細菌的種類來決定可否利用大豆這種寄主植物。此外，這項研究也透露出在各自的種類存在著與共生微

生物的特殊進化歷史。目前已知，與椿象類同是吸汁性昆蟲的蚜蟲及浮塵子同類，在牠們腸內也存有共生細菌，可供給必需胺基酸；另外，毛蝨及舌蠅等吸血性昆蟲的共生細菌也可供給維他命等，共生細菌發揮了重要作用。

近年來地球持續暖化，包括人類在內的各種生物都為高溫引起的損害所苦惱。其實，目前已獲悉共生細菌也與這種高溫損害有關。南方稻綠椿為起源於熱帶的世界性害蟲，時至今日仍在日本群島一路北上中。不過，透過暖化模擬的飼育實驗發現，屬於南方性的這種椿象於未來持續暖化的狀況下，在夏季也會發生生長遲緩等高溫損害現象。已知其原因是棲息於中腸的共生細菌（**圖 9-9**）會因高溫導致滅絕或減少。

在新的殺蟲劑抗藥性原因方面，近年發現共生細菌也參與寄主昆蟲椿象類的殺蟲劑抗藥性。由此事例獲知，由於噴灑殺蟲劑，導致土壤中的農藥分解菌發生增殖，椿象將這些細菌由土壤中納入體內產生共生，因而獲得殺蟲劑抗藥性。有關害蟲與細菌共生的研究，對於害蟲之防治亦可能會有所貢獻。

有一種稱為沃巴赫氏菌的細菌。這種細菌最初是因淡色庫蚊受

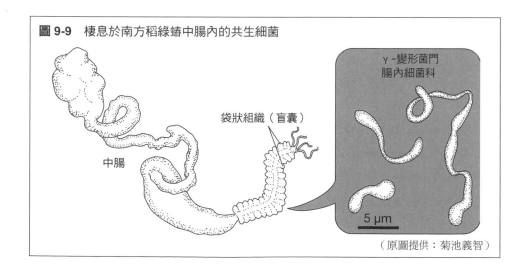

圖 9-9　棲息於南方稻綠椿中腸內的共生細菌

袋狀組織（盲囊）

中腸

γ-變形菌門
腸內細菌科

5 μm

（原圖提供：菊池義智）

到感染才發現的。節肢動物，特別是昆蟲受到感染的機率很高。其實目前已獲知這種細菌也會影響宿主的生殖能力。沃巴赫氏菌會感染寄主的精巢及卵巢，利用以下的各種方式控制宿主的性別。

❶殺死雄蟲

雄蟲感染就必死無疑，只有雌蟲可存活下來。已知被感染的昆蟲有蚊、果蠅、蝶、瓢蟲等的同類。

❷誘導雌性化

一經感染，雄性就會變為雌性，發生一種性轉換。觀察到被感染的昆蟲是北黃蝶及鼠婦。

❸孤雌生殖

黃蝶、麗蚜小蜂及細腰兒薊馬等受到沃巴赫氏菌感染的雌蟲，即便不和雄蟲交配也可生殖（產雌孤雌生殖）。

❹細胞質不親和性

感染沃巴赫氏菌的雄性與未感染的雌性交配不會產生後代。例如，稻科害蟲的斑飛蝨等的浮塵子類，受到感染的雄性與未受感染的雌性交配時，因雄性精子被注入來自沃巴赫氏菌的毒素產生作用，導致細胞質不親合（cytoplasmic incompatibility）而無法產子。這種細胞質不親合在果蠅、扁擬穀盜、地中海粉斑螟及紅蜘蛛等昆蟲都可看到。

感染沃巴赫氏菌後，存在於細胞質的某種基因的利己行為會扭曲動物的生殖樣式，為微生物學上極具趣味的現象。這些現象均因感染沃巴赫氏菌後導致雌性個體在群體中變多，對於沃巴赫氏菌而言，具有其適應性。

如上所述，昆蟲一面與各種共生微生物互相產生關係，一面進化。我們所了解的也只是九牛之一毛而已。這真的是個深奧的世界。若以充滿在宇宙未知的暗黑物質來比擬，這個昆蟲與微生物的

世界可說就是地球上的暗黑物質。昆蟲與微生物的共生關係將是未來充滿挑戰的研究領域。

　　昆蟲擁有漫長的進化歷史，演化為多樣化，為地球上繁衍極為旺盛的群體，在本書中已反覆提及。在地球的環境中，昆蟲與其他眾多的生物一起進化而成為歷史「活生生的見證人」。

昆蟲仿生學

以昆蟲為師的科學

　　隨著農業的發展，害蟲危害的情形也與日俱增。防治害蟲在提高農產品的產量上一直都是不可或缺的。此外，在衛生方面，媒介斑疹傷寒等傳染病及瘧疾等地方性疾病的衛生害蟲之防治，對人類生命與健康的維持至關重要。另一方面，昆蟲中的蜜蜂提供蜂蜜、蠶提供美麗的蠶絲給人類享用，這些益蟲備受人類喜愛。前文介紹過提供紅色色素的介殼蟲科胭脂蟲同類，因屬有用昆蟲而受到熱帶地方人們的尊重。原本是在許多民族中，昆蟲即做為食物之用。如上所述，昆蟲及昆蟲所生產的產物成為人類具有價值之資源。不過，近年來，不以昆蟲為資源，而是做為模仿的模型，創造具有高附加價值、稱為昆蟲仿生學的學問領域方興未艾。本章依據前面介紹過的昆蟲優美型態與機能，以及多樣的生活樣式，就有關這新興的學問領域詳加介紹。

10.1　生物仿生與仿生技術

　　在介紹昆蟲仿生學之前，必須先就生物仿生（Biomimicry）及仿生技術（Biomimetics）這兩個名詞做一說明。這些名詞在日本都譯為「生物模仿」。依據生物仿生提倡人之一的珍妮・班亞斯（Janine Benyus）對生物仿生之定義如下：「有意識地模仿生物的智慧，從大自然獲得靈感的技術革新」。茲將生物仿生的基本概念

羅列 3 項如下：

❶以自然為模型（Nature as model）

❷以自然為規範（Nature as measure）

❸以自然為師（Nature as mentor）

❶以自然優美的設計及機能等為模型並加以模仿，對人類生活有所貢獻；❷以生態學的標準來衡量革新技術的正確性；❸將自然與人類應有的關係定位為師法自然。亦稱為「生物仿生革命」的此一思想與產業革命迥然不同，並非壓榨自然界，而是開拓重視學習的時代。生物仿生有 3 個水準。首先是模仿生物的模式（pattern），以生物經過長期演化的結果所形塑成的各種型態做為模型，也就是說，就是設計。其次為形成過程的模仿，也就是說，其設計是如何產生出來的。最後是生態體系的模仿。這是怎麼一回事呢？就是模仿自然的設計所產生出的技術，要如何符合生態體系呢。生物仿生就是人類調和與生態體系的關係，為永續發展的一種環境諧調型技術。

各種生物都可成為生物仿生的模型，但其中最多的就是昆蟲。昆蟲具有優異的設計與機能，前文已明確敘述。昆蟲乃是具有 4 億年以上演化歷史的生物。透過突變進行基因變異的產生，與透過自然選擇的「篩選」，可說是擁有無數次反覆試驗的歷史。這種情形一如前文所反覆敘述。因此，牠們達到極限的構造與機能值得成為人類學習的典範。

且說生物仿生是由班亞斯女士提倡其理念的嶄新學問領域，另一類似的語言為仿生技術。生物仿生與仿生技術大致同義，但仿生技術的含意可說較偏向工程學方面。

仿生技術這一名詞早於 1950 年代後，半就由德裔美國人的神經生理學家 O. 施密特博士所提倡。施密特博士這位科學家模仿烏賊神經系統上的訊號處理，由輸入訊號、除去干擾後轉換為矩形脈

衝，因而發明了電路「施密特觸發器（Schmitt trigger）」。在做為材料上的生物模仿更早，由衣服以及狗毛都沾上了野生牛蒡的種子獲得靈感而研發出「魔鬼氈」。貓的視網膜後面有一稱為反光色素層（tapetum）的反光裝置，模仿這個反光裝置，使用於交通標識的「貓眼」（Cat's Eye）等都是屬於仿生技術。

近年，稱為「生物規範工程學」的新工程學領域正方興未艾。生物細胞的大小約 10 微米（micron），在其表面有從奈米到 μ（micro）的階梯式「亞細胞結構（subcellular structures）」，而這種新工程學領域是研究昆蟲及植物等生物體表的奈米、微細構造（microstructure）及其機能，藉此解開「生物的技術體系」之謎，以此為目標。對於以往「人類技術體系」所包含的環境、資源、能源等問題，它作為一項對解決問題有所貢獻的新技術，人們期待它對人類社會的永續發展能有所貢獻。這種學問領域可說是狹義的生物科技。

那麼為什麼是昆蟲仿生技術呢？近年的生物仿生技術發展之中，模仿昆蟲所具有的優雅型態及機能的生物仿生技術，亦即以昆蟲仿生技術做為新世代的生物仿生技術而備受期待的緣故。拜奈米科技蓬勃發展之賜，材料科學因而顯著進步，藉由奈米技術計量標準（nanometer scale）到微米（micrometer）的微細領域之技術力量，盡可能重現昆蟲這麼小又複雜的結構及機能。利用掃描式電子顯微鏡 SEM 進行生物表面結構的觀察日漸普及，對於此領域的飛躍發展也有所貢獻。昆蟲很有可能成為掌握未來生物仿生技術發展關鍵的「救世主」。以下將其實例分為工業技術、醫療技術及農林技術三大項逐一介紹。

應用於工業技術

昆蟲仿生技術最受到熱絡應用的就是工業技術方面。如前所述，處於生物仿生技術出發點的技術也是如此。

10.2.1 新型材料

昆蟲仿生技術應用於最淺顯易懂的工業，在於新型材料的研發。昆蟲的外部型態如前所述，是一具有優異機能、充滿啟發的型態。

◆結構色的利用

閃蝶的翅膀本身並沒顏色，是以光的波長或光波以下的微細結構產生發色現象，稱為結構色，如 2.2.6 所述。

色素會隨著時間經過，被紫外線分解而褪色，但結構色不會褪色。若用來做為塗料，會具有優異的特性。因此，在纖維及汽車的

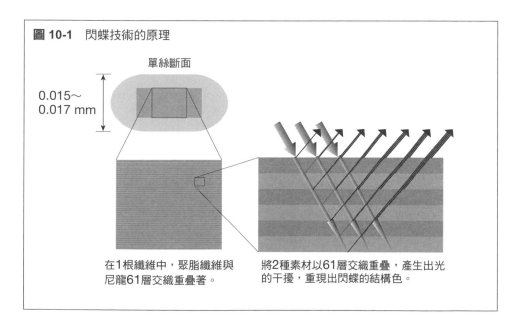

圖 10-1　閃蝶技術的原理

單絲斷面

0.015～
0.017 mm

在1根纖維中，聚脂纖維與尼龍61層交織重疊著。

將2種素材以61層交織重疊，產生出光的干擾，重現出閃蝶的結構色。

塗裝等方面進行工業的應用研究，並已有實用化的產品產出。日本企業所研發出稱為「閃蝶技術」的纖維，這種新素材是將折射率不同的聚脂纖維與尼龍 61 層交織重疊的一種結構（**圖 10-1**），依觀察的角度及光的強度，色澤會有微妙的變化。此外，有研究將這種絲做成粉狀混入透明的塗料中使用等，廣泛的用途範圍頗受期待。

　　吉丁蟲的金屬光澤也是結構色，但與閃蝶迥異，其外皮為多層結構，如 2.2.6 所述。再重述一下，外皮由透明的薄膜約 20 層重疊構成，光線通過這皮層時所產生的特殊反射會發出鮮豔的光澤。具有同樣原理的產品是光碟片的記錄面。利用這種發色結構，研發出容易循環利用的不鏽鋼。運用電鍍技術，在不鏽鋼表面形成氧化膜，藉由控制膜的厚度，讓不鏽鋼發出吉丁蟲顏色。由於並非利用塗裝製成，因而不會剝落。將它熔解就會回復為原來純粹的金屬。

　　與吉丁蟲同樣，金龜子的外皮也是由無數細薄的層重疊形成，但僅反射特定的光，是一種稱為膽固醇液晶（cholesteric）的結構。模仿製成的膽固醇液晶正在研究應用於顯示器上。在液晶顯示器方面，藉由施加電壓改變液晶分子的方向，以轉換波長的反射，而膽固醇液晶即使將電源關掉，也可半永久性維持液晶分子的方向，可降低電力消耗，而且因畫面不會閃爍，眼睛不會感到疲勞，具有多種優異特性。

◆超級反射防止膜

　　許多蛾、蝶或蠅等的眼球表面，有稱為蛾眼結構的凹凸構造，可防止從外面進來的光線反射，一如之前所述。現在一提起蛾眼結構，大多意味著具有曲率的紡錘狀體之集合結構體，從與空氣的接觸面，乃至與基材（matrix）的介面，透過使折射率產生連續性的變化，可防止入射角度大的光線反射，因而可防止可見光的整個波長範圍之反射。研發出具有這種結構的蛾眼型無反射膜（**圖 10-**

圖 10-2　蛾眼型無反射膜的表面放大構造

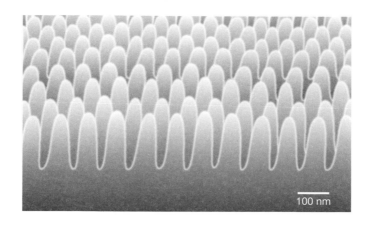

100 nm

2）。在可期待的用途方面，善用可防止外光映入的薄膜，如使用
於液晶顯示器、遊戲機及行動電話等移動式機器的前面板，可享受
更為鮮明影像之樂趣，以及提升照明等室內的質感。

◆模仿昆蟲附肢的接著材料

　　昆蟲藉由附肢的接觸面之纖細構造變化，可在玻璃面及垂直
面毫無困難地行走。這是利用含有液體的中空毛前端接觸玻璃面
時的毛細現象，或附著於玻璃表面的稍許凹凸時產生作用的凡得
瓦爾力（Van der Waals force）（不帶電荷的中性原子在分子間形
成主要作用的凝集力之總稱）。若能模仿昆蟲附肢的接著構造，就
可研發出不需接著劑的吸著材料，以及可在垂直玻璃表面移動的
機器人。這種機器人可用來清潔高樓大廈的玻璃及災害救助，其實
用法備受期待。

　　此外，如前所述，某種金花蟲的同類也可在非本來生活場所的
水面上行走。金花蟲在空氣中利用長在附肢內的剛毛產生出分泌
物，可緊貼在表面行走，但即使在水中，附肢前端也會形成球狀的
圓柱形狀，其裡面所蓄積的氣泡可防水，附有分泌液的毛前端因而

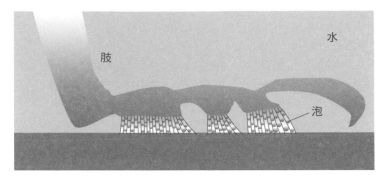

圖 10-3　金花蟲附肢在水中的接著構造

水

肢

泡

（參考 Hosoda and Gorb,2012 製圖）

可附在水面上（**圖 10-3**）。這種水面接著結構可應用於監視水中的
移動及作業用機器人。

◆昆蟲的撥水性

　　有關撥水性素材方面，模仿出淤泥而不染的蓮葉表面構造，自
淨作用頗高的撥水性塗料已投入實際運用；在昆蟲方面，其身體表
面及翅膀的鱗粉也具有超高的撥水性。如前所述，可產生出超高撥
水性的大絹斑蝶翅膀，若能解析其翅膀半透明部分的表面構造，或
許可應用在同時需要透明性與撥水性的新型撥水素材上。

◆柔韌的蜘蛛絲

　　蜘蛛並非昆蟲，而是僅次於昆蟲，為我們所熟知的節肢動物。
據說蜘蛛可依目的分開使用 7 種絲，據說其中最具強度的牽引絲
（從樹枝等往下垂的絲），強度為同樣粗細鋼鐵的 5 倍。此外，也
極富彈性，遭到強風吹襲時，蜘蛛網巢最大可延長為原來長度的
40％。而且，當風靜止時還可恢復原來的長度。其伸縮性為人類所
製造最優異的尼龍纖維的 2 倍。蜘蛛守候其食物，例如昆蟲之類的
到來，當獵物飛入蜘蛛網時，可藉由伸展蜘蛛網，吸收其撞擊力

道，之後再緩慢地回復，就可綁住獵物。蜘蛛絲的另一特性是極耐低溫。

　　具有最接近蜘蛛絲特性的人造纖維，是使用於防彈夾克的克維拉（Kevlar）纖維。不過，為了製造出這種纖維，必須以含有濃硫酸溶劑的壓力鍋，將石油分子煮沸至數百度液晶化後，必須再施加高壓。另一方面，蜘蛛則是使用蛋白質，不需耗費能源就可製出強韌的絲。

　　若能如蠶絲那般大量生產蜘蛛絲，其用途將無可限量。有研究使用基因重組技術，模仿蜘蛛絲的氨基酸配列，以及研究由蜘蛛的絹絲腺抽出未變成絲狀的液狀蛋白質之方法等。以蜘蛛絲的組成為基礎，製造出改變蜘蛛基因及胺基酸配列的合成纖維，進行量產的試作工廠也已經開始建造了。這種合成纖維之基礎素材為人造蛋白質，原料不需仰賴石油，而且在常溫下也可生產，因此，也是一種優異的省能源技術。不過，使用基因重組的這種技術，與其說是仿生技術，不如定位為生物科技或許較為合適。

10.2.2　新構造與系統

◆空調完善的白蟻之家

　　分布於非洲大草原（Savannah）的一種暗黃大白蟻，會用唾液凝固從地下搬運出來的泥土，耗費數年，有時竟然能築成高達10m的塚。白蟻僅被覆著細薄的表皮，是一種十分不耐氣溫及濕度等環境變化的昆蟲。非洲大草原的氣溫變動劇烈，夏天日間的氣溫超過45℃，冬天夜間有時也低到0℃以下。不過，巢內的溫度卻一直保持在30℃左右。巢內的溫度不停地緩慢循環，提供數百萬隻白蟻本身的呼吸，以及排出菇菌（白蟻栽培用來做為食物）所產生的二氧化碳等，並使新鮮空氣流入（**圖10-4**）。在塚的表面開有無數個小孔，在洞穴內則建有與蟻巢內部相連接的隧道，此隧道不僅要承載

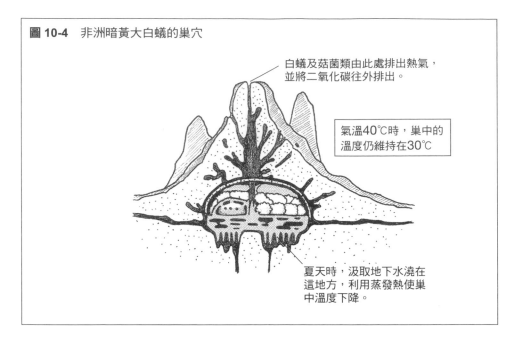

圖 10-4 非洲暗黃大白蟻的巢穴

白蟻及菇菌類由此處排出熱氣，並將二氧化碳往外排出。

氣溫40℃時，巢中的溫度仍維持在30℃

夏天時，汲取地下水澆在這地方，利用蒸發熱使巢中溫度下降。

蟻塚的構造，也要具有煙囪效果的換氣口之功能。

此外，蟻塚材料的泥土中密布著眼睛看不見的微小縫隙，具有隔熱效果，同時也可發揮調整溼度的功能。調節巢內溫度之方法為，在巢內菌室栽培菇菌，發酵後溫度會上升，再用地下水沾溼泥土，運送到菇菌上面，使水分蒸發，利用蒸發熱使溫度下降的一種做法。遠在人類製造出空調及中央暖氣系統還要久遠以前，白蟻就自己營造出可保持舒適的溫熱環境、空氣環境系統。

位於非洲辛巴威的哈拉雷市的東門購物中心（Eastgate shopping Centre）以蟻塚為模型，採用自然冷卻的結構，所使用的冷氣空調設備不需用電，仍可營造出舒適的空間。據說利用這套冷卻系統比向來的工法節省90％以上的能源。

◆從空氣中獲得水分

稱為擬步行蟲的一種甲蟲 Stenocara gracilipes 棲息於納米比沙漠，牠會蒐集朝霧所含的微小水滴，目前已究明這種昆蟲的飲水機

制。這種甲蟲棲息於靠近海邊的沙漠，牠在朝夕都會以奇妙的倒立姿勢佇立在沙上（**圖10-5**）。採取這種姿勢可將存在於空氣中的水分納入體內。甲蟲的體表呈現出兼具撥水性與親水性的不諧調狀（patchy），而

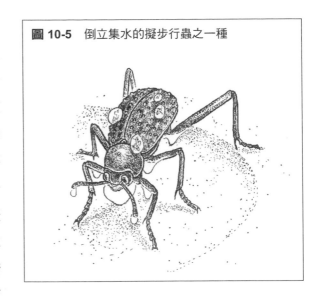

圖 10-5　倒立集水的擬步行蟲之一種

這種體表與呈現出倒立的姿勢與有關。也就是說，附著於親水面的霧狀水滴一變大，就會以自己的重量滾落到撥水面，再沿著倒立的甲蟲體表，集中到甲蟲口中的一種機制。實際上，運用製作薄膜的技術，已成功研發出模仿甲蟲表皮的集水材料。若能以這種材料所形成的表面予以大面積化，在乾燥地區及沒有河川的地方或許就可確保水資源無虞了。

◆模仿蜻蜓翅膀的螺旋槳

風力發電用的螺旋槳是模擬蜻蜓翅膀型態所製成。這是因蜻蜓在低速時也能飛行，由此獲得靈感而研發出來的。如前所述，蜻蜓翅膀的表面並不光滑，而是呈鋸齒狀凹凸不平的表面（**參閱圖2-13**）。螺旋槳模仿蜻蜓這種翅膀表面，在複雜彎曲的表面上有凹凸狀。此螺旋槳一受到風力就會形成小漩渦列，使外側空氣順暢地流動，即使是微風也能旋轉。若將這種螺旋槳設置在屋前，就可成為簡易的風力發電裝置，在災害發生停電時，對於電力的確保一定很有幫助。另外也與促進分散式發電相關。

模仿蜻蜓翅膀的表面構造，對於將來形成這種能源分散型的社會可能會有所貢獻，目前對家庭內的空調及空氣清淨機等身旁的電氣製品之省能源化已有所貢獻。家電企業夏普（Sharp）成功研發出的商品有：空調室外機風扇葉片模擬蜻蜓翅膀的鋸齒狀，設計成溝槽狀，可減少噪音，而且可節省 3 成的電力消耗；空氣清淨機模擬蜻蜓翅膀，因而提高了吸塵能力。翅膀構造的模仿對象並不只是蜻蜓。也模仿前文介紹過的大絹斑蝶擺動翅膀滑空的飛翔方法，應用於舒適性高的電風扇之葉片。也就是說，將大絹斑蝶翅膀中央凹入的獨特形狀，以及拍動翅膀時會在翅膀上產生起伏的特點納入電風扇的葉片，將風速的不穩定降至原來的 40 分之 1，成功地研發出可送出高效率且舒適的風的電風扇。

◆蜂巢結構

　　蜜蜂等的蜂巢每一個均呈正六邊形的結構（**圖 10-6**），稱之為蜂巢結構。相鄰的巢室毫無間隙，而且可確保最大限度的空間，是一種極為合理的結構。昆蟲的複眼及烏龜的殼等都是同樣的結構。這種結構乃是自我組織化典型的產物。蜜蜂既無設計圖也沒有測量

圖 10-6　西方蜜蜂的蜂巢結構

器，但卻可以建築出這麼漂亮的六邊形結構，實在很不可思議。根據南美洲蜜蜂研究家M.J.West-Eberhard指出，長腳蜂要延伸育嬰室的牆壁時，總是使用2根觸角當量尺來決定育嬰室的距離。因此，若將觸角切斷，則不是六邊形，而是只能築出不規則的育嬰室。因此，在築成六邊形的蜂巢上，觸角確實具有某種關係，但詳情迄今仍是個謎。

這種蜂巢結構非常輕又堅固，因此，使用於做為飛機翼及太空梭的機體等運輸機器的材料，以及使用於東京晴空塔中央部分的外牆與展望台的鋁蜂巢板等的建築材料。在我們周遭也有用於瓦楞紙板的構造。足球門網的網目也是六邊形。此外，也有研究有關甲殼類的藤壺幼蟲會附著在具有蜂巢結構的表面微細結構上，期待日後可適用於海洋汙染的防汙技術方面。

◆自我組織化與群體智慧

社會性昆蟲的自我組織化是從自然現象汲取有用的系統，這一工程學領域，亦即生物規範工程學，亦備受矚目。鐵路系統及發電廠等迄今大多數的工程系統均採用集中管理型的運用型態。在龐大的系統中，全體與部分的關係難以窺見全貌，因一部分的情況不佳導致系統全體往下沉淪的危險性，以及特殊原因造成困難等問題。社會性昆蟲的自我組織系統並無中央的決策機構，藉由局部的相互作用形成群體，發揮彈性的功能，存在於其背後的架構—分散管理型的工程系統，其構築應有可成為模仿的模型。

此外，螞蟻將幼蟲依大小加以分類，將同伴的遺骸集中一處處理，若能解析牠們的這種行動，或可應用於顧客資料的管理等新型系統上；蜜蜂分擔工作時的彈性處理方式，可做為生產進度管理的參考等，社會性昆蟲的群體智慧極有可能潛藏著對人類社會有所意想不到的貢獻。

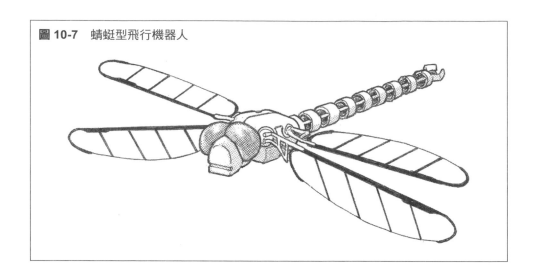

圖 10-7　蜻蜓型飛行機器人

◆應用於機器人

　　昆蟲以6隻足步行是一種相當穩定的步行型態，已於前文敘述過。因此，世界上已製作出模擬昆蟲步行的六足機器人。期待這種六足機器人可運用於災害現場。

　　另一方面，模擬昆蟲的飛行系統之研發卻遲無進展。以振翅飛行為標準的昆蟲型飛行機器人之研究方面，從人造飛機至昆蟲層級的小型化（downsizing）之過程，其理論體系及設計指針均完全付之闕如。此外，昆蟲型飛行機器人遭遇困難的原因之一，是在激烈的翅膀運動上並無可堪耐用之素材。不過，近年來機器人工程學及材料科學之發展一日千里，所製作出的樹脂製人造蝴蝶可正確地模擬鳳蝶翅膀的構造，已成功地振翅飛行。目前已獲知，前進飛行時隨著振動翅膀，利用軀體的上下移動就可保持穩定的飛行。這種蝴蝶的飛行架構未來可運用於模擬昆蟲飛行系統之研發。此外，有的昆蟲也可在空中盤旋，如虻、蜂及天蛾等昆蟲。以天蛾為模型，目前也致力於解析昆蟲盤旋的穩定性與振翅飛行的控制。未來昆蟲型飛行機器人運用於災害救災現場或許已經不遠了。蜻蜓的飛行如前所述，是藉由連接翅膀基部的飛行肌之收縮，使與飛行肌直接連動

的 4 片翅膀上下擺動。德國的飛斯妥公司（Festo）已研發出模擬蜻蜓飛行方式的飛行機器人（**圖 10-7**）。其複雜的零件是運用 3D 印表機的新技術就可簡單製作出來。不過，據說研發這種飛行機器人技術的目的並非在於製作蜻蜓型飛行機器人，而是在製作過程中可汲取某些智慧。也就是說，從輕量中學習碳纖維的結構、從飛行中學習能源效率、從控制盤旋、滑空、飛行中學習統合多種功能的方法，以從實作中學習到的智慧為本來目的，期望未來能有助於工廠的自動化與效率化。

10.2.3 高靈敏度感應器

◆具有高靈敏度紅外線感應器的甲蟲

已知一種 Melanophila acuminata 的甲蟲會在森林火災後的空地上繁殖。這種甲蟲具有高靈敏度紅外線感應器，就算是遠在數十公里之外的森林火災也可感應到，目前已確知這是一種可反應機械性刺激的生物力學訊息感應器（mechanosensor）（在細胞膜上接受機械應力的分子）。許多稱為 Sensillum 的球狀感覺細胞配列在複眼的後方，在每個感覺細胞部分，其連接神經細胞的感覺毛以堅硬的表皮體壁覆蓋著。細胞內部形成如微細水道般的管道構造，裡面充滿著液體。據說一受到紅外線照射時，管道內部的液體就會熱膨脹，結果壓迫到感覺毛，轉換成力學刺激後就會被傳輸到神經。依據此原理，可研發出便宜、堅固耐用又不需冷卻的紅外線感應器。

◆水黽的振動訊息處理機制

在水面生活的水黽以水為媒體，將水所產生的振動做為訊息。例如落到水面上的食物引起的振動、異性傳來的訊號，這些都是生存與繁殖上極為重要的訊息。不過，自然界充滿了噪音。風引起的水波、雨滴引起的振動、魚類跳躍引起的振動等。對於這些混雜的

振動與生活上所必要的振動，必須確實區分清楚。如前所述，目前已明確獲知水黽類的振動接收器存在於附肢的跗節。若能模仿這種振動接收器的型態與性能，研發出振動感測器，就能感測到因地震而埋在瓦礫中的生存者心臟鼓動的微弱振動。

◆移動式蠶寶寶機器人

　　東京大學尖端科技研究中心的研究團隊製作出一種結合蠶蛾觸角做為感應器，可追蹤費洛蒙的移動式小型機器人（**圖10-8**）。將蠶蛾的觸角切下，配置在機器人前面左右兩側做為費洛蒙感應器，觸角感應到費洛蒙後就會將產生的電位轉送電腦，再由計算模型依據左右的接收時機，將送往左右馬達的驅動信號傳輸給機器人的一種方式。機器人的動作邊採取與真蠶一樣的行動樣式，邊找到費洛蒙的源頭。這是一種利用昆蟲—機械融合方式（approach）做成昆蟲操控型機器人而受到矚目。不僅是六隻足的型態，昆蟲優異的感覺能力也可做為感應器而成為機器人研發的模型。

◆緝毒蜂與地雷搜索蜂

　　也有人利用昆蟲的感覺能力進行感應器的實驗。目前已明確得

圖10-8　昆蟲操縱型機器人

（原圖提供者：神崎亮平）

知「氣味學習」很有可能是大多數昆蟲共通的學習項目。即使是寄生於昆蟲的小型寄生蜂也具有優異的聯想學習能力，一如前文所述。據說不僅是如香草般的宜人香味，大麻及炸藥等氣味也很容易就可學習起來。寄生蜂對於各種氣味都具有很高的學習能力，因此，開始研究利用寄生蜂來緝毒或搜索地雷。「蜂類訓練學校」並不需要特別的設施或技術，只要幾分鐘的短短時間就可讓牠們學會。蜂類容易大量飼養，而且探知氣味的能力並不亞於犬隻，因此，哪天「緝毒蜂」與「地雷搜索蜂」就取代了緝毒犬與地雷搜索犬，這可不是夢喔。

10.3 應用於醫療技術

昆蟲仿生技術應用於醫療技術方面也正如日中天。這是一種溫暖人心的技術，處處洋溢著巧思妙想。

10.3.1 構造與機能的利用

◆不會痛的注射針

任誰都討厭被蚊子叮咬，但被叮的那一瞬間並不會感到疼痛。蚊子是用口器吸血，牠們首先微細地振動如刀子般的大顎與如鋸子般的小顎，有如撐開皮膚的細胞一般，將吸血的管子（上脣）與注入抗凝血液體的針（喉嚨的一部分）刺入皮膚中（**圖 10-9**）。牠的針是由非常柔軟、滑順的幾丁質所所形成，且因很微細，碰觸到神經的機會較少。此外，所注入的液體中也含有可緩解疼痛的成分，因此，不會讓被針刺到的動物感到疼痛，而可順利吸到血液。

探討蚊子這種「不會痛的針」的機制，目前正在模擬研發。粗細為 $85\,\mu m$，以使用於手術用縫合線等的聚乳酸所製成，如同蚊子的口器微細地振動，不容易傷到細胞，注射時幾乎不會讓人感到疼

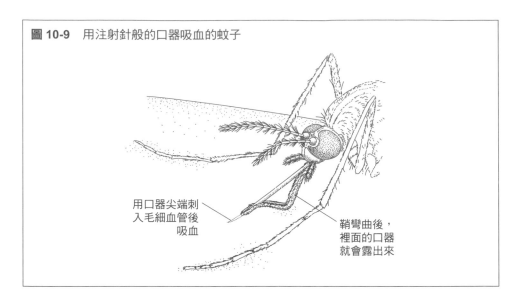

圖 10-9　用注射針般的口器吸血的蚊子

用口器尖端刺
入毛細血管後
吸血

鞘彎曲後，
裡面的口器
就會露出來

痛。如何才能大量地注射是今後研究的課題。若能實現就可緩解需
頻繁注射的糖尿病患者之痛苦了。

◆蛆療法

　　也有人嘗試將昆蟲所具有的機能運用於醫療上。蛆療法，是個
聽起來不大習慣的名詞。所謂的蛆就是蒼蠅的幼蟲，是一種用活的
蛆進行治療的方法，亦即創傷治療法。據說蛆療法的歷史非常久
遠，在數千年前的澳洲先住民及墨西哥的馬雅文明均留有紀錄。現
在重新評估這種療法。虛弱且罹病的高齡患者常為傷口無法治癒所
苦。因此才重新檢視這種專門治療傷口的蛆療法。

　　蛆是利用機械式蠕動與酵素將蛋白質液化（蛋白質的消化），
利用蛆的這種液化，將壞死的組織除去。蛆對傷口會分泌出抗菌性
的肽，再以消化液殺死所攝取的細菌，使傷口呈鹼性化。蛆還會進
一步增加在傷口上的分泌液，將傷口所產生的細菌與毒素清洗掉。
據說蛆的分泌液可使傷口加速癒合，使傷口治癒的時間顯著縮短。
在日本也有將棲息的絲光綠蠅之幼蟲無菌化，再以專用的器具及
繃帶包紮，把幼蟲封入傷口，作為是一種治療方法。實際上，迄今

很多重症的糖尿病患者都利用這種治療法，而可免去切掉壞死的部分。

10.3.2 新醫藥、健康飲料

◆師法胡蜂亞科製造出可燃燒脂肪的飲料

胡蜂亞科是一種具有猛烈毒性的巨型蜂類，令人望而生畏。胡蜂亞科將蛾嚼成黏糊狀肉丸餵給巢中的幼蟲吃，幼蟲再將消化過的肉丸製成氨基酸溶液，由口吐出餵給親蟲。為了讓其工蜂同類隨意收縮腹部就可對敵人刺出毒針，成蟲的胸部與腹部連接的胴體部分（腹柄）會極端變細（蜂腰）。同時，內有消化器官的腹部被制約成只能通過液體。所以子蟲若沒親蟲就無法存活，而親蟲若沒子蟲也難以生存。來自胡蜂亞科的這種氨基酸溶液被命名為「V.A.A.M.（Vespa Amino Acid Mixture）（順便一提，Vespa指的就是胡蜂屬）。已知這種氨基酸化合物可使不易燃燒的脂肪燃燒。因此，市面上有販售一種稱為「VAAM」的運動飲料。據說這種運度飲料在運動前飲用，可幫助體脂肪的燃燒，提高運動能力，以及具有抑制疲勞的效用。

◆學習椰子犀角金龜製造殺死病原菌的藥

椰子犀角金龜（臺灣兜蟲）是獨角仙的同類，廣泛分布於沖繩及東南亞，為椰子、甘蔗及鳳梨的害蟲。幼蟲的食物為堆肥、腐爛的草及牛糞等含有植物性纖維的泥土等。這些場所是雜菌及病原菌眾多的環境。因此，牠們為保護身體避免受到病原菌的危害，就進化成在體內可製造強力抗菌性的蛋白質。目前已知這種抗菌性蛋白質對於院內感染之元凶 MRSA（抗耐甲氧西林金黃色葡萄球菌）具有殺菌效果，可望做為 MRSA 的特效藥。昆蟲可被認為是這種抗菌性蛋白質的寶藏。

◆可延遲癌症惡化的日本天蠶之休眠物質

有關昆蟲的休眠方面前面已詳述過，日本天蠶（Yamamai）為日本原產的蛾，其同類在卵中變成幼蟲，直至孵化前有 8 個月一直呈現睡眠狀態。目前已解明引起這種休眠的物質是由 5 種胺基酸所組成。令人驚訝的是，已知這種休眠維持物質可抑制老鼠肝癌細胞的增生，因而命名為「Yamamarin」，但這種物質並非殺死或破壞癌細胞，而是使癌細胞暫時休眠。使癌細胞休眠的這種新構想，在抗癌治療上可能展開新的一頁。

◆腦中風的藥品

人類等動物的血液具有容易凝固的性質。蚊子若在吸血途中，血液在管子中凝固就一命嗚呼了，因此，一邊產生不會使血液凝固的物質，一邊吸血。由此得到啟發，開發腦中風的藥品正在研發中。已知蚊子及廣椎獵蝽等吸血昆蟲的唾液成分具有不會使血液凝固的機能。此外，這種成分不僅具有抗凝固活性，而且已知也具有血管擴張活性。若能研發出含有這種成分的新藥，則可望作為預防腦中風及治療的藥品。

◆使癌細胞死滅的藥劑

如前所述，在紋白蝶的蛹體中，為破壞幼蟲不需要的器官，會分泌出一種稱為 Pierisin 的物質，目前已獲知，將含有這種物質的蛹的體液撒在胃癌的細胞上，可使癌細胞死滅。若能把 Pierisin 製成只破壞癌細胞的無副作用藥劑，將成為新抗癌藥劑的重大里程碑。

10.3.3 昆蟲生產物的利用

◆蠶絲

蠶所生產的絲是蛋白質所形成的天然纖維，近年在醫療上頗受矚

目。稱為 Silk Fibroin 的蠶絲蛋白質具有創傷治癒效果。狗兒背部傷口塗有這種蛋白質，與完全未處理的部位相較，顯示出可使表皮加速再形成。此外，這種蛋白質具有生物相容性（biocompatibility），具有防止細菌繁殖的機能。未來可能研發出蠶絲創傷敷劑。

◆新絲素材來自胡蜂亞科的繭

產絲的昆蟲並不只是蠶。昆蟲的絲有的從口吐出，有的則是從尾部或足，有各種不同的吐絲方式。包含蜘蛛在內的節肢動物所吐出的纖維狀蛋白質，在廣義上都可說是絲。其實胡蜂亞科的老齡幼蟲也會吐出蛋白質的絲作繭，這種絲稱為黃蜂絲（hornet silk）。順便一提，hornet 指的是胡蜂亞科。這種絲是由稱為纏繞線圈（coiled-coil）結構的堅硬棒狀分子聚集體（molecular aggregate）所形成。此種絲的強韌度略遜於蠶絲與蜘蛛絲，但這是胡蜂亞科這種真社會性針尾類（Division Aculeata）（為使獵物麻痺，或防禦敵人而具有刺針的蜂類）仗著有親蜂強大的保護，因而不需製成那麼強韌的繭。比起提高繭的強韌性，胡蜂亞科幼蟲選擇了更為容易作繭的策略。由胡蜂亞科幼蟲作繭的策略中，我們學習到或許能以具有某種強度的蛋白質高效率的製成薄膜。且黃蜂絲具有蠶絲等所沒有的細胞非黏著機能之特性，可望作為創傷敷劑、附著防止膜，或人造血管的素材。

◆蜜蜂的產物

所謂的蜂王漿是由蜜蜂中的年輕工蜂採食花粉及蜂蜜後，在體內分解、合成，再由上顎與下顎的咽喉腺及大顎腺等腺體所分泌出的物質，餵給將要變成女王蜂的幼蟲及成蟲的女王蜂吃，為重要的食物。日語稱為王乳，做為健康食品及化妝品販賣。與蜂王漿同樣，蜜蜂採集樹芽及樹汁等製成的樹脂製混合物—蜂膠，主要是用

來填補蜂巢的縫隙等，做為封堵劑之用。蜂膠用來做為健康食品也日漸增加，以抗菌、抗病毒、抗發炎症及抗潰瘍作用等為目的，用於預防疾病或治療方面。

10.4 應用於農林技術

農業是人類生存的根基，為極為重要的產業，在農業這領域也不斷引入最尖端的技術，理應會造就出對環境很友善的農業技術。

10.4.1 精密農業上使用昆蟲型 6 隻足步行機器人

昆蟲最大特徵就是具有 6 隻足。以 6 隻足走路是最為穩定的步行系統，一如前文所述。模仿 6 隻足步行的昆蟲機器人之研究正盛行全球。

京都大學農學研究科的研究團隊試作的昆蟲機器人（圖 10-10）不僅是以 6 隻足走路，亦以重現昆蟲的「氣味探尋」與「氣味探索行動」為目的。做為模型的是出現於 3 億年前，人稱「活化石」的德國蟑螂。

一般空氣中的氣味分子是以不連續的氣味塊狀存在。當吹來的風不含有費洛蒙時，德國蟑螂為了探尋費洛蒙會四處隨便走動，但一有費洛蒙隨風飄來時便會迎向上風處。因此，昆蟲機器人是模仿蟑螂由費洛蒙與風這兩個要素辨識氣味

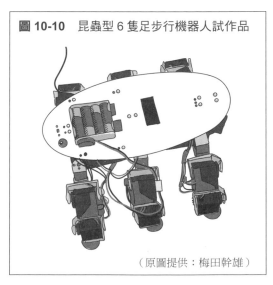

圖 10-10　昆蟲型 6 隻足步行機器人試作品

（原圖提供：梅田幹雄）

源頭的定位行動而製成。實驗時，以碳酸氣體取代費洛蒙。安裝碳酸氣體感應器與風向感應器，在控制程式上載入模仿德國蟑螂探索氣味行動的演算法（algorithm）。此外，為偵測障礙物，亦搭載紅外線感應器。另外為了確認機器人是否僅辨識風向後就朝上風處而去，在 3 個地方配置電風扇，設定為以風向感應器感測風向後就會走向風的源頭。實驗的結果，機器人一旦感應到碳酸氣體，就慢慢地邊蛇行邊接近碳酸氣體的源頭。

這種昆蟲型機器人因為體積小，製作成本不高是其優點。在未整地的田園或凹凸不平的地方也可行走，因此，可搭載植物賀爾蒙之一的乙烯（遭受昆蟲危害時也會產生）感應器，若偵測到作物受害狀況等訊息時，就能有效率地噴灑農藥，因而可減少農藥的使用量。稱之為精密農業，將成為綜合式害蟲管理的願景之一。

10.4.2 應用振動訊息防治害蟲

昆蟲當中，有的會利用振動訊息來逃避天敵，有的用來誘發產卵或交配行為。媒介松材線蟲（造成松樹乾枯死亡之元兇）的松斑天牛，也是利用振動訊息的昆蟲。森林總合研究所的研究團隊利用昆蟲這種振動行為，使松樹產生人造振動，成功地阻礙了昆蟲產卵以及發生驅避作用。運用這種手法造成振動，可邊抑制化學農藥的使用，邊保護松樹的神木，避免受到昆蟲的危害（圖 10-11）。

提到振動訊息，一定要介紹一下「螳螂的下雪預報」。在雪國地方，民間有這樣的傳說：「螳螂若在高處產卵就會下大雪」。有對這民間傳說進行實際驗證的研究，此說法以統計數據上來說是正確的，過去認為螳螂可透過樹木感受到地球的微弱振動，進行氣象預測。若是這樣的話，就不得不佩服昆蟲的「超能力」。不過，之後昆蟲學者提出證明指出，這項研究的大前提，螳螂的卵一被雪埋就會死掉，或是將卵產在比預測的積雪還高的地方，本身就是個錯誤。

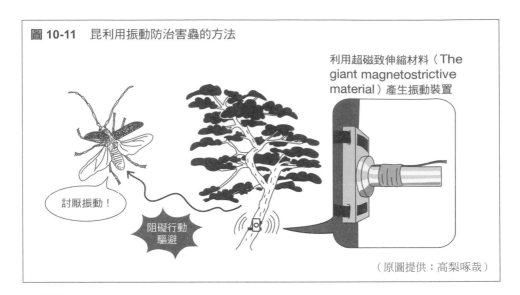

圖 10-11 昆利用振動防治害蟲的方法

利用超磁致伸縮材料（The giant magnetostrictive material）產生振動裝置

討厭振動！

阻礙行動
驅避

（原圖提供：高梨啄哉）

10.4.3 利用共生防治白蟻

前文已介紹過白蟻會搬運蟻后所產的卵。京都大學農學研究科的研究團隊利用白蟻的這項本能，研發出嶄新的白蟻防治法。在會被當做是白蟻卵的小玻璃球（模擬卵）上塗上卵辨識物質（費洛蒙的一種）與遲效性殺蟲劑後，放在白蟻巢的附近。工蜂會將它搬到巢內，與真正的卵一樣舔舐照料。不久，殺蟲劑會從模擬卵逐漸地移往白蟻身上，透過經口傳遞的營養交換，進而擴散到巢中的同類。不久，藥劑的效果顯現，巢中的白蟻完全死光滅絕，就是這樣的一種方法（圖 10-12）。據說目前使用的白蟻防治劑，也號稱是病態建築症候群（Sick Building Syndrome）的造成原因之一。不過，若用這個共生方法，以微量殺蟲劑就可完成殺蟲，是一種對環境友善的防治法，未來應會普遍使用。白蟻在熱帶也會成為甘蔗的作物害蟲，在這些地方也可能使用這種方法。

10.4.4 家畜新飼料

這與仿生技術稍有不同，目前也正在研發以昆蟲做為家畜的飼

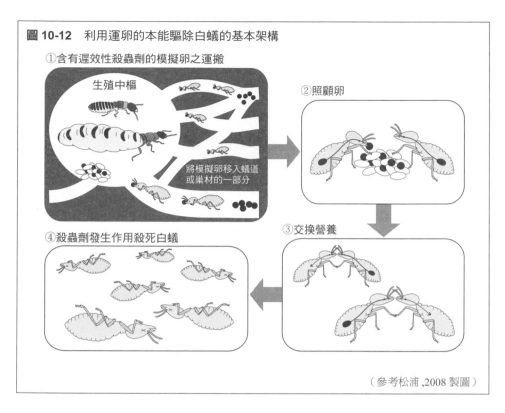

圖 10-12　利用運卵的本能驅除白蟻的基本架構

①含有遲效性殺蟲劑的模擬卵之運搬

生殖中樞

將模擬卵移入蟻道
或巢材的一部分

②照顧卵

④殺蟲劑發生作用殺死白蟻

③交換營養

（參考松浦,2008 製圖）

料。有一種稱為斜紋夜盜蟲的鱗翅目昆蟲，是一種農業害蟲，受到危害的作物種類不計其數。大豆等的豆類、高麗菜、白菜及番茄等的蔬菜類，甚至如菊花、大理花等的花卉類也都深受其害，為廣食性害蟲。因這種昆蟲亦可代謝尼古丁，因此連菸葉也可若無其事地吃下。

　　不過，已知用這種斜紋夜盜蟲的蛹做成飼料頗有價值。蛋白質含量接近蠶的 2 倍，與其他動物相較，鈣與鐵等的含量也毫不遜色，特別是維他命 B_1、B_2 的含量豐富。與牛肉相較，維他命 B_1 為牛肉的 10 倍，B_2 為 6 倍。

　　因此，將非食用的植物資源餵食斜紋夜盜蟲，可轉換成高品質的蛋白質，目前正在研發做為家畜飼料之用。例如，將老齡幼蟲餵食雞隻，可用便宜的經費獲得更有效率的生蛋量。用昆蟲做為家畜

的飼料，乍聽之下會產生反感的人恐怕不少，但這種嶄新的創意正是解決未來糧食不足的巨大突破。

10.4.5 今後展望

昆蟲仿生學是以昆蟲為模型，這種仿生技術今後可望蓬勃發展。可以如此保證是因為昆蟲擁有超過 4 億年的進化歷史，以及演化的結果在物種與生活樣式上均呈現出多樣化。成為仿生模型的昆蟲之物種以及牠們的型態與機能幾乎取之不盡，用之不竭。然而理應無窮無盡的昆蟲物種，時至今日，因熱帶雨林遭破壞，正不斷減少，地球暖化更如雪上加霜。生物多樣性為昆蟲仿生學之基礎，其保護與管理攸關昆蟲仿生學未來之發展。因此，此問題讓工程學者與參與第二次產業的人們紛紛關注生物多樣性保護與管理之重要性。

大自然奧妙之處在於不使用電力、熱能與動能等龐大的能源，利用自我組織化，就可形塑出自己的樣態。仿生材料與技術必須謀求如何削減能源消耗與廢棄物量，以及利用自我組織化等，必須以工程的簡化與節省能源為導向。若能如此生產物品，或許就可由依賴石油的地下資源文明，轉為善用太陽與自然所賜恩典的「生命文明」。期盼未來能研發出這種可使高機能與環境和諧共處的技術。此外，廣義的仿生技術與重新檢視我們生活樣式密切相關，如此一來，或許能夠發揮仿生技術真正的價值。昆蟲的特性與我們人類迥異，例如在神經系統可看到昆蟲擁有的腦分散系統，稱之為分散腦，體型小且富有多樣性。人類的文明過於追求效率，導致邁向集中化、大型化，以及一樣化的方向。然而，不斷有人批評指出，當面臨嚴重災害時，這種系統將會無比脆弱且危險。我們該思索人類社會今後基本的應有狀態，也期待昆蟲能帶給我們更多的啟發。

參考文獻

青木重幸（1984）兵隊を持ったアブラムシ， どうぶつ社

赤池　学（2006）昆虫力， 小学館

赤池　学（2007）昆虫がヒトを救う， 宝島社

安部琢哉（1989）シロアリの生態， 東京大学出版会

新井　裕（2001）トンボの不思議， どうぶつ社

アンドリュー・H・ノール（斉藤隆央 訳）（2005）生命 最初の30
　　億年 地球に刻まれた進化の足跡， 紀伊國屋書店

アンドリュー・パーカー（渡辺政隆・今西康子 訳）（2006）眼の
　　誕生──カンブリア紀大進化の謎を解く， 草思社

アンドレイ・K・ブロドスキイ（小山重郎・小山晴子 訳）（1997）
　　昆虫飛翔のメカニズムと進化， 築地書館

石川良輔（1996）昆虫の誕生， 中公新書

石田秀輝（2009）自然に学ぶ粋なテクノロジー， 化学同人

石田秀輝 監修（2011）すごい自然図鑑， PHP

石田秀輝・下村政嗣 監修（2012）自然に学ぶ！ネイチャー・テク
　　ノロジー， Gakken

伊藤嘉昭 編（2008）不妊虫放飼法─侵入昆虫根絶の技術─， 海
　　游舎

伊藤嘉昭・法橋信彦・藤崎憲治（1980）動物の個体群と群集，
　　東海大学出版会

伊藤嘉昭・藤崎憲治・斉藤　隆（1990）動物たちの生き残り戦略，
　　NHK ブックス， 日本放送出版協会

井上民二（1998）生命の宝庫・熱帯雨林， NHK ライブラリー，
　　日本放送出版協会

上田恵介 編著（1999）擬態—だましあいの進化論〈1〉昆虫の擬態，築地書館

上田恵介 他 編（2013）行動生物学辞典，東京化学同人

M. エドムンズ（小原嘉明・加藤義臣 訳）（1980）動物の防衛戦略（上下），培風館

エドワード・O・ウィルソン（廣野喜幸 訳）（1999）生き物たちの神秘生活，徳間書店

遠藤秀紀（2002）哺乳類の進化，東京大学出版会

大串隆之 編（2003）生物多様性科学のすすめ—生態学からのアプローチ，丸善株式会社

大谷　剛（2005）昆虫—大きくなれない擬態者たち，農文協

岡島秀治 監修（2009）昆虫の世界，新星出版社

勝又紋子・西田律夫（2009）昆虫科学が択く未来（藤崎憲治・西田律夫・佐久間正幸 編），321-341，京都大学学術出版会

ガリレオ工房 編（2003）びっくり不思議 写真で科学 3 動物の目，人間の目，大月書店

木下修一（2005）モルフォチョウの碧い輝き—光と色の不思議に迫る，化学同人

木村　滋（1996）昆虫に学ぶ，工業調査会

ギルバート・ウォルドバイヤー（丸武志 訳）（2002）新・昆虫記—群れる虫たちの世界，大月書店

栗林　慧（2007）虫の目になりたい，日本放送出版協会

クレイグ・スタンフォード（長野　敬・林　大訳）（2005）直立歩行進化への鍵，青土社

河野義明・田付貞洋 編（2007）昆虫生理生態学，朝倉書店

佐々木正己（1999）ニホンミツバチ，海游舎

佐藤矩行・野地澄晴・倉谷　滋・長谷部光泰（2008）発生と進化，

岩波書店

佐藤芳文（1988）寄生バチの世界，東海大学出版会

嶋田正和・山村則男・粕谷英一・伊藤嘉昭（2005）動物生態学，
　海游舍

下村政嗣 監修・バイオミメティクス研究会 編（2011）次世代バ
　イオミメティクス研究の最前線―生物多様性に学ぶ―，シー
　エムシー出版

ジャニン・ベニュス（山本良一 監訳・吉野美耶子 訳）（2006）
　自然と生体に学ぶバイオミミクリー，オーム社

「植物防疫講座 第3版」編集委員会 編（1998）植物防疫講座第
　3版，日本植物防疫協会

ジョン・オルコック（長谷川真理子 訳）社会生物学の勝利 批判
　者たちはどこで誤ったか，新曜社

ショーン・B・キャロル（渡辺政隆・経塚淳子 訳）（2007）シマ
　ウマの縞蝶の模様，光文社

ジョン・メイナードスミス（1978）行動の進化，サイエンス 11
　月号

深海　浩（1992）生物たちの不思議な物語―化学生態学外論，
　化学同人

スコット・カマジン 他（松本忠夫・三中信宏 訳）（2009）生物
　にとっての自己組織化とは何か，海游社

鈴木幸一 他（1997）昆虫機能利用学，朝倉書店

スティーブン・J・グールド（仁木帝都・渡辺政隆 訳）（1988）
　個体発生と系統発生，工作舎

竹田　敏（2003）昆虫機能の秘密，工業調査会

田中誠二・小滝豊美・田中一裕 編（2008）耐性の昆虫学，東海
　大学学術出版会

田中誠二・檜垣守男・小滝豊美 編（2004）休眠の昆虫学―季節適応の謎―，東海大学出版会

千葉県立中央博物館 監修（2004）あっ！ハチがいる！世界のハチとハチの巣とハチの生活，晶文社

チャールズ・ダーウィン 著・リチャード・リーキー 編（吉岡晶子 訳）（2006）新版・図説 種の起源，東京書籍

積木久明 編（2011）地球温暖化と南方性害虫，北隆館

積木久明・田中一裕・後藤三千代 編（2010）昆虫の体温耐性―その仕組みと調べ方―，岡山大学出版会

鶴田由美子 他 編（2012）自然界のデザインはアイデアの宝庫！自然保護9・10月号，No.529

長島孝行（2007）蚊が脳梗塞を直す！昆虫能力の驚異，講談社

中筋房夫・内藤親彦・石井 実・藤崎憲治・甲斐英則・佐々木正己（2000）応用昆虫学の基礎，朝倉書店

日本昆虫科学連合 編（2015）昆虫科学読本―虫の目で見た驚きの世界，東海大学出版会

日本林業技術協会 編（1991）森の虫の100不思議，東京書籍

野島智司（2012）ヒトの見ている世界 蝶の見ている世界，青春出版社

長谷川英祐（2010）働かないアリに意義がある，メディアファクトリー

針山孝彦（2007）生き物たちの情報戦略，化学同人

ハワード・エンサイン・エヴァンズ（日高敏隆 訳）（1972）虫の惑星，早川書房

日高敏隆 監修（1996）日本動物大百科8昆虫I，平凡社

日高敏隆 監修・日本ICIPE協会編（2007）アフリカ昆虫学への招待，京都大学学術出版会

普後　一（2008）人が学ぶ昆虫の知恵，　東京農工大学出版会

藤崎憲治（2009）カメムシはなぜ群れる？―離合集散の生態学，　学術選書，　京都大学学術出版会

藤崎憲治（2010）昆虫未来学，　新潮社

藤崎憲治・大串隆之・宮竹貴久・松浦健二・松村正哉（2014）昆虫生態学，　朝倉書店

藤崎憲治・田中誠二 編（2004）飛ぶ昆虫，　飛ばない昆虫の謎，　東海大学出版会

藤崎憲治・鳥飼否宇（2008）群れろ！昆虫に学ぶ集団の知恵，　NTS

藤崎憲治・西田律夫・佐久間正幸 編（2009）昆虫科学が拓く未来，　京都大学学術出版会

M.I. ブディコ，　A.B. ローノフ，　A.L. ヤンシン（内嶋善兵衛 訳）（1989）地球大気の歴史，　朝倉書店

ブライアン・K・ホール（倉谷滋 訳）（2001）進化発生学，　工作舎

E. ボナボー・G・テロラス（2000）群れが生み出す知能，　日経サイエンス

本郷儀人（2012）カブトムシとクワガタムシの最新科学，　メディアファクトリー

前野・ウルド・浩太郎（2012）孤独なバッタが群れるとき，　東海大学出版会

マーク・W・カーシュナー／ジョン・C・ゲルハルト（滋賀陽子 訳・赤坂甲治 監訳）（2008）ダーウィンのジレンマを解く―新規性の進化発生理論，　みすず書房

正木進三（1974）昆虫の生活史と進化，　中公新書

松浦健二（2008）BRAIN テクノニュース，　125，　17-22

松浦健二（2013）シロアリ─女王様、その手がありましたか！，岩波書店

松本忠夫（1993）生物科学入門コース7 生態と環境， 岩波書店

松本忠夫・東 正剛 編（1993）社会性昆虫の進化生態学， 海游舎

水波 誠（2006）昆虫─驚異の微小脳， 中公新書

宮竹貴久（2011）恋するオスが進化する， メディアファクトリー

メイ・R・ベーレンバウム（小西正泰 監訳）（1998）昆虫大全，白揚社

文部科学省 科学研究費新学術領域「生物規範工学」・高分子学会・バイオミメティクス研究会・エアロアクアバイオメカニズム学会 監修（2014）生物模倣技術と新材料・新製品開発への応用， 技術情報協会

矢島 稔（1976）昆虫の生きる世界， 文化出版局

矢島 稔（2003）謎とき昆虫ノート， NHK ライブラリー

八代啓一 編（2008）昆虫に学ぶ新世代ナノマテリアル， NTS

山口恒夫 監修（2008）昆虫はスーパー脳， 技術評論社

吉村 剛・板倉修司・岩田隆太郎・大村和香子・杉尾幸司・竹松葉子・徳田岳・松浦健二・三浦徹 編（2012）シロアリの辞典，海青社

リチャード・ドーキンス（垂水雄二 訳）（2006）祖先の物語（上下）， 小学館

リチャード・ドーキンス（垂水雄二 訳）（2009）進化の存在証明， 早川書房

リチャード・フォーティ（渡辺政隆 訳）（2003）生命40 億年全史， 草思社

リチャード・ミコッド（池田清彦 訳）なぜオスとメスがあるの
　か，新潮社

リチャード・リーキー（馬場悠男 訳）（1996）ヒトはいつから人
　間になったか，草思社

レイ・ノース（斎藤慎一郎 訳）（2000）アリと人間，晶文社

ロバート・トリヴァース（中嶋康裕・福井康雄・原田泰志 訳）
　（2008）生物の社会進化，産業図書

ロブ ダン（田中敦子 訳）（2009）アリの背中に乗った甲虫を探
　して，ウェッジ

Bonabeau, E., M. Dorigo and G. Theraulaz (1999) Swarm Intelligence:
　From Natural to Artificial Systems, Oxford University Press

Brower, L.P. (1969) Ecological chemistry. Scientific American 220: 22-
　30

Dingle H. (1996) Migration, Oxford University Press

Eberhard, W. G. (1982) Am. Nat., 119, 420-426

Emlen, D. J. (1977) Behav. Ecol. Sociobiol., 41, 335-341M

Giurfa, M, S. W. Zhang, A. Jenett, R. Menzel and M. V. Srinivasan
　(2001) Nature, 410, 930-933.

Hamilton, W. D (1971) J. theor. Biol., 31, 295-311

Hosoda, N. and S. N. Gorb (2012) Proceedings of the Royal Society of
　London B, 279, 1745, 4236-4242

Ishiwatari, T. (1976) Appl. Entomol. Zool. 11, 38-44

Misof, B. et al. (2014) Science, 346, 763-767

Mouritsen, H. and B. J. Frost (2002) PNAS, 99, 10162-10166

Perez Goodwyn, P., Y. Maezano, N. Hosoda and K. Fujisaki (2009)
　Naturwissenschaften, 96, 781-787

Siva-Jothy, M. T. (1987)J. Ethol., 5. 165-172

Southwood, T. R. E. (1977) J. Anim. Ecol., 46, 337-365.

Srinivasan, M. V., Giurfa M., Zhang S. W., Jenett A. and R. Menzel (2001) Nature, 410, 930-933

Stevens, M. and S. Merilaita (2009) Phil. Trans. R. Soc. B, 364, 481-488

Thornhill, R. (1976) Am. Natur., 110, 529-548

Tsubaki, R., N. Hosoda, H. Kitajima and T. Takanashi (2014) Zool. Sci., 31, 789-794

Urguhart, F. A. and Urguhart, N. R. (1977) Can. Entomal., 109, 1583-1589

Waage, J. K. (1979) Science, 203, 916-918

Watanabe, M., Kikawada, T. and Okuda, T. (2003) J. Exp. Biol., 206, 2281-2286

Wigglesworth, V. B. (1974) Insect Physiology, Chapman and Hall

Wilson, E. O. (1996) In Search of Nature, Island Press

Waloff, Z. (1966) The Upsurges and Recessions of the Desert Locust Plague: An Historical Survey, Anti-Locust Research Center

Watt, P. J. and R. Chapman (2002) Behav. Ecol. Sociobiol., 42, 179-184

Yashiro T. and K. Matsuura (2014) PNAS, 111, 17212-1721

索引

五劃

六劃

國家圖書館出版品預行編目資料

繪圖解說昆蟲的世界 / 藤崎憲治作 ; 高詹燦 , 余明
村合譯 . -- 初版 . -- 臺中市 : 晨星 , 2017.04
　　面 ;　公分 . -- (知的！ ; 107)
譯自 : 絵でわかる昆虫の世界　進化と生態
ISBN 978-986-443-227-1(平裝)

1. 昆蟲學 2. 通俗作品

387.7　　　　　　　　　　　　　　　105024368

知的！107

繪圖解說 昆蟲的世界

作者 藤崎憲治
譯者 高詹燦 ・ 余明村 合譯
編輯 王詠萱
美術編輯 曾麗香
封面設計 李佾儒
審訂 陳怡如

創辦人 陳銘民
發行所 晨星出版有限公司
台中市 407 工業區 30 路 1 號
TEL:(04)23595820 FAX:(04)23550581
E-mail:service@morningstar.com.tw
http://www.morningstar.com.tw
行政院新聞局局版台業字第 2500 號
法律顧問 陳思成律師
初版 西元 2017 年 4 月 15 日初版 1 刷

郵政劃撥 22326758（晨星出版有限公司）
讀者服務 （04）23595819 # 230
印刷 上好印刷股份有限公司

定價 290 元

（缺頁或破損的書，請寄回更換）
ISBN 978-986-443-227-1

填回函，送好書

凡詳填《繪圖解說 昆蟲的世界》回函，並加附55元
郵票（工本費），馬上送好書！

《現代醫學未解之謎》
數量有限，送完為止
原價：250 元